机械产品三维创新设计
（Creo）

主　编　顾　琪　周　欢
副主编　李元源　黄明鑫
主　审　王　斌

北京理工大学出版社
BEIJING INSTITUTE OF TECHNOLOGY PRESS

内 容 简 介

本书是全面、系统学习和运用 Creo Parametric 快速入门与进阶的书籍，全书共分为 9 个项目，通过项目案例的方式从基础的 Creo 5.0 的安装和使用方法讲起，以循序渐进的方式详细地讲解了 Creo5.0 软件配置、基准特征、草图绘制、简单零件建模、扫描特征、混合特征、工程特征、实体装配、工程图创建和 3D 打印入门。书中还配有大量的实操综合应用案例，本书通过网盘提供全部实例的素材文件、练习文件和范例文件，读者可扫描二维码（见封底）获取。

本书主要供全国高等院校、高职院校机械制造、机电一体化、模具设计等专业三年制学生使用，也可作为广大工程技术人员的 Creo 软件的快速自学教材和参考书籍。

图书在版编目（CIP）数据

机械产品三维创新设计：Creo ／ 顾琪，周欢主编
.－－ 北京：北京理工大学出版社，2021.11
ISBN 978 - 7 - 5763 - 0771 - 9

Ⅰ.①机⋯ Ⅱ.①顾⋯ ②周⋯ Ⅲ.①机械设计 – 计算机辅助设计 – 应用软件 – 高等学校 – 教材 Ⅳ.①TH122

中国版本图书馆 CIP 数据核字（2021）第 260992 号

出版发行 ／ 北京理工大学出版社有限责任公司
社　　　址 ／ 北京市海淀区中关村南大街 5 号
邮　　　编 ／ 100081
电　　　话 ／（010）68914775（总编室）
　　　　　　（010）82562903（教材售后服务热线）
　　　　　　（010）68944723（其他图书服务热线）
网　　　址 ／ http：//www.bitpress.com.cn
经　　　销 ／ 全国各地新华书店
印　　　刷 ／ 涿州市新华印刷有限公司
开　　　本 ／ 787 毫米×1092 毫米　1/16
印　　　张 ／ 18
字　　　数 ／ 468 千字
版　　　次 ／ 2021 年 11 月第 1 版　2021 年 11 月第 1 次印刷
定　　　价 ／ 79.80 元

责任编辑 ／ 武君丽
文案编辑 ／ 武君丽
责任校对 ／ 周瑞红
责任印制 ／ 李志强

前　言

　　《机械产品三维创新设计》是 2021 年江苏省高等学校重点立项建设教材，全书内容全面，条理清晰，范例丰富，讲解详细，主要介绍了利用 Creo Parametric 进行零件设计、组件、工程图等创建的方法和技巧，为方便广大教师教学和学生学习，本书配套有江苏省在线开放课程《机械产品三维创新设计》、中国大学生在线 MOOC 平台信息化教学资源，已累计近万人注册并学习，在线学习网址：https://www.icourse163.org/course/YCTEI – 1207449801?%20appId = null，另可在线下载本教材所有的素材文件、练习文件和范例文件。

　　在内容安排上，为了使学者能更快地掌握 Creo 软件的基本功能，教材中结合大量的范例对软件中的概念、命令和功能进行讲解，以范例的形式讲述了应用 Creo 进行产品设计的过程。这些范例都是实际生产中具有代表性的例子，具有很强的实用性和广泛的适用性，能使学习者较快地进入产品设计实战状态。本教材在每个项目后还精心设置了测验习题和工程训练案例，便于教师布置课后作业和学生进一步巩固所学知识。

　　在编写方式上，教材编写团队主动与行业企业对接，共同开发紧密结合生产实际的实训教材，并根据 1 + X 证书制度试点的进展，及时将新工艺、新规范充实进教材内容，实现书证融通。

　　建议本书的教学采用 48 学时（包括学生上机练习），教师也可以根据实际情况，对书中内容进行适当的取舍，将课程调整到 32 学时。在学习完本书后，学生能够迅速地运用 Creo 软件来完成一般机械产品从零部件三维建模、装配到制作工程图的设计工作。

　　本书由盐城工业职业技术学院王斌教授主审，由顾琪、周欢任主编，李元源、黄明鑫任副主编。由于编者水平有限，书中疏漏和不妥之处在所难免，敬请读者不吝指正。

　　电子邮箱：ycgyjxswsj@163.com

编　者

前　言

目　录

项目一　Creo 入门操作

> **项目情境：** Creo 是美国 PTC 公司新的旗舰型 CAD/CAMCAE 软件套件，该套软件应用程序让用户能够按照自己的想法（而非按照 CAD 工具的要求）来设计产品。凭借 Creo，用户可以使用 2D CAD、3D CAD、参数化建模和直接建模功能创建、分析、查看和共享下游设计。每个 Creo 应用程序共享相同的用户界面并可互操作，意味着数据之间可以无缝过渡，从而使设计更加智能化、生产效率也更高。

任务一　Creo5.0软件基本操作

1.1　任务描述

Creo 5.0 软件套件主要有 3D CAD（包含 Creo Parametric、Creo Direct、Creo Options Modeler、Creo Elements/Direct Modeling）、2D CAD（包含 Creo Sketch、Creo Layout、Creo Schematics、Creo Elements/Direct Drafting）、模拟和可视化（包含 Creo View MCAD、Creo View ECAD、Creo Illustrate、Creo View Mobile）等方面的子软件。

1.2　任务基础知识与实操

1.2.1　Creo5.0 软件介绍

Creo5.0 软件具备互操作性、开放性和容易使用三大特点，旨在解决 CAD 行业中诸如数据难共用，不易操作等问题。使用 Creo 产品主要可以进行以下工作。

● 工业设计：综合利用 Creo 基本曲面设计功能、高级曲面设计、渲染和逆向工程功能来进行工业设计。

● 概念设计：利用市场上最强大的概念设计工具（包括自由曲面造型功能、集成参数化和直接建模等）发掘创新产品开发机会。

● 管路及布线系统设计：为管道、布线和线束轻松创建 2D 示意图和设计文档，并生成相关的 3D CAD 模型。

● 3D 设计：实现从基础零件建模到装配，以及基于美学的曲面设计。

● 模拟：根据用户设计的 3D CAD 几何数据验证产品的各个方面，包括结构分析、热分析、模拟振动和其他因素。

● 在整个组织中利用设计数据：让整个组织的相关人员轻松查看、交互和共享产品数据。

● 在多 CAD 环境中进行设计：在单一设计环境中有效使用不同 CAD 系统中的异构数据。

● CAM 软件：利用数据工具和模具设计解决方案，实现从产品设计到制造的无缝过渡。

本书重点介绍 Creo Parametric。Creo Parametric 是 Creo 套件中的旗舰应用程序，是值得推荐的 3D CAD 软件，它继承了以往 PTC Pro/ENGINEER Wildfire 强大而灵活的参数化设计功能，并增加了柔性建模、直接建模等创新功能。利用 Creo Parametric，用户可以无缝组合参数化建模和直接建模功能，可以依靠 Unite 技术打开非 PTC 原生 CAD 数据并且几乎可与任何人进行协作；此外，由于知道所有下游可交付结果都将自动更新，使用者还可以放松精神，使产品设计和整合效率更高。

1.2.2　Creo Parametric 基本设计概念

Creo Parametric 提供了强大灵活的参数化 3D CAD 功能和多种概念设计功能。在 Creo Parametric 中，可以设计多种不同类型的模型。在开始设计项目之前，用户需要了解以下几个基本设计概念。

● 设计意图：设计意图也称为"设计目的"。在进行模型设计之前，通常需要明确设计意图。设计意图根据产品规范或需求来定义成品的用途和功能，捕获设计意图能够为产品带来明确的实用价值和持久性。设计意图这一关键概念是 Creo Parametric 基于特征建模过程的核心。

● 基于特征建模：在 Creo Parametric 中，零件建模是从逐个创建单独的几何特征开始的，特征的有序创建便构成了零件模型。特征主要包括基准、拉伸、孔、圆角、倒角、曲面、切口、阵列、扫描等。设计过程中所创建的特征参照其他特征时，这些特征将和所参照的特征相互关联。一个零件可以包含多个特征，而一个组件（装配体）可以包含多个零件。

● 参数化设计：Creo Parametric 的一个重要特点就是参数化设计，参数化设计可以保持零件的完整性，且确保设计意图。特征之间的相关性使得模型成为参数化模型，如果修改某特征，而此修改又会直接影响其他相关（从属）特征，则 Creo Parametric 就会动态修改那些相关特征。

● 相关性：相关性也称"关联性"。通过相关性，Creo Parametric 可以在零件模式外保持设计意图。相关性使同一模型在零件模式、装配模式、绘图（工程图）模式和其他相应模式（如管道、钣金件或电线模式）具有完全关联的一致性。因此，如果在任意一级修改模型设计，则项目将在所有级中动态反映该修改，这样便保持了设计意图。

1.2.3　Creo 5.0 用户界面设置

在安装 Creo Parametric 5.0 软件时，可以设置在 Windows 操作系统桌面上显示 Creo Parametric 5.0 的快捷方式启动图标▣。安装好 Creo Parametric 5.0 软件后，在其快捷方式图标上双击，即可启用 Creo Parametric 5.0。

Creo Parametric 5.0 用户界面主要包括标题栏、"快速访问"工具栏、文件菜单、功能区、导航区、图形窗口、图形工具栏和状态栏等，如图 1-1-1 所示。

（1）标题栏

标题栏位于 Creo Parametric 5.0 用户界面的最上方。当新建或打开模型文件时，在标题栏中将显示软件名称、文件名和文件类型图标等。当打开多个模型文件时，只有一个文件窗口是活动的。在标题栏的右侧部位，提供了实用的"最小化"按钮▬、"最大化"按钮▢/"向下还原"按钮▣和"关闭"按钮✕，它们分别用于最小化、最大化/向下还原和关闭 Creo Parametric 5.0 用户界面窗口。

在初始默认时，标题栏中还嵌入了一个"快速访问"工具栏。

（2）"快速访问"工具栏与"图形"工具栏

"快速访问"工具栏提供了对常用按钮的快速访问，比如用于新建文件、打开文件、保存文

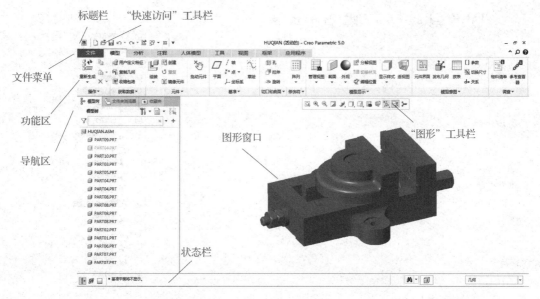

图1-1-1 Creo Parametric 5.0 用户界面

件、撤销、重做、重新生成、关闭窗口等按钮，如图1-1-2所示。此外，用户可以通过自定义"快速访问"工具栏来使它包含其他常用按钮和功能区的层叠列表。

在零件建模模式下，"图形"工具栏上的按钮控制图形的显示。用户可以设置隐藏或显示"图形"工具栏上的按钮，其方法是右击"图形"工具栏，接着从快捷菜单中取消勾选或勾选所需按钮的复选框即可，如图1-1-3所示。用户还可以通过右击"图形"工具栏并从快捷菜单中选择"位置"级联菜单中的命令选项来更改该工具栏的位置，如图1-1-4所示，即"图形"工具栏可以显示在图形窗口的顶部、右侧、底部、左侧，还可以显示在状态栏中，或者不显示。

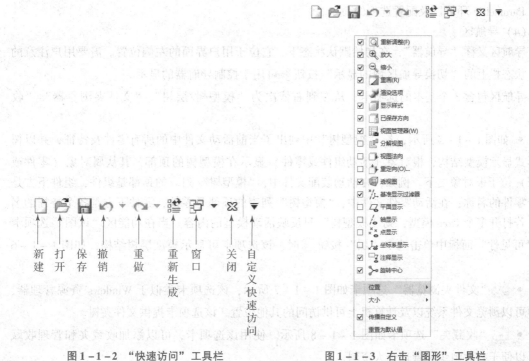

图1-1-2 "快速访问"工具栏   图1-1-3 右击"图形"工具栏

图 1 - 1 - 4　设置"图形"工具栏位置

（3）文件菜单

在 Creo Parametric 5.0 窗口左上角单击"文件"按钮，将打开一个菜单，这就是文件菜单，该文件菜单也被称为"应用程序菜单"。该菜单包含用于管理文件模型、为分布准备模型和设置 Creo Parametric 环境以及配置选项的命令。

（4）导航区

导航区又称"导航器"，在初始默认状态下，它位于用户界面的左侧位置。需要用户注意的是，状态栏上的"切换导航区域的显示"按钮 可用于控制导航器的显示。

导航区包含 3 个基本的选项卡，从左到右依次为"模型树/层树""文件夹浏览器""收藏夹"。

● 如图 1 - 1 - 5 所示， "模型树"中列出了当前活动文件中的所有零件及特征，并以树的形式显示模型结构，根对象（活动组件或零件）显示在模型树的顶部，其从属对象（零件或特征）位于根对象之下。例如，在活动装配文件中，"模型树"列表的顶部是组件，组件下方是各个零件的名称；在活动零件文件中，"模型树"列表的顶部是零件，零件下方是各个特征的名称。若打开多个 Creo 模型，则"模型树"只反映活动模型的内容。当在功能区"试图"选项卡的"可见性"面板中单击选中"层"按钮 时，该选项卡可显示模型层树结构，如图 1 - 1 - 6 所示。

● "文件夹浏览器"选项卡如图 1 - 1 - 7 所示，该选项卡类似于 Windows 资源管理器，从中可以浏览文件系统以及计算机上可供访问的其他位置。该选项卡提供文件夹树。

● "收藏夹"选项卡如图 1 - 1 - 8 所示。使用该选项卡，可以添加收藏夹和管理收藏夹，以便于有效组织和管理个人资料。

图 1 – 1 – 5 "模型树"导航器

图 1 – 1 – 6 "层树"导航器

图 1 – 1 – 7 "文件夹浏览器"选项卡

图 1 – 1 – 8 "收藏夹"选项卡

（5）功能区

功能区包含组织成一组选项卡的命令按钮。每个选项卡由若干个组（面板）构成，每个组（面板）由相关按钮组成，如图 1 – 1 – 9 所示。如果单击组溢出按钮，则会打开该组的按钮列表。如果单击位于一些组右下角的"对话框启动程序"按钮 ，则会弹出一个包含与该组相关的更多选项的对话框。

（6）图形窗口与浏览器

图形窗口也常被称为"模型窗口"或"图形区域"，它是设计工作的焦点区域。在没有打开具体文件，或查询相关对象的信息时，图形窗口通常由相应的 Creo Parametric 浏览器窗口替代。值得用户注意的是，单击状态栏上的"显示浏览器切换开关"按钮，可以控制 Creo Parametric 浏览器的显示。另外，用户可以通过调整使图形窗口和 Creo Parametric 浏览器窗口同时出现，如图

1-1-10 所示。Creo Parametric 浏览器提供对内部和外部网站的访问功能，可用于浏览 PTC 官方网站上的资源中心，获取所需的技术支持等信息。当通过 Creo Parametric 5.0 查询指定对象的具体属性信息时，系统将打开 Creo Parametric 浏览器来显示对象的具体属性信息。

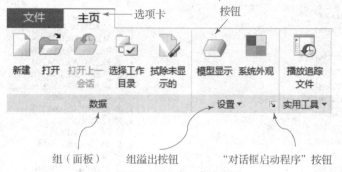

图 1-1-9　功能区的组成元素

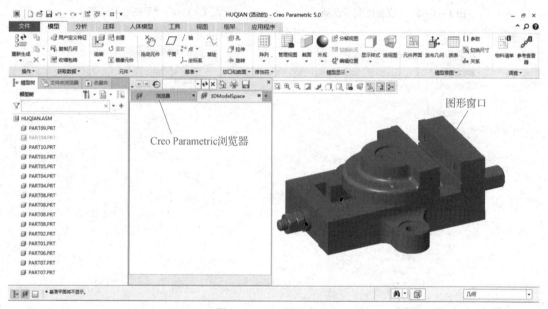

图 1-1-10　图形窗口

（7）状态栏

每个 Creo Parametric 窗口（用户界面）的底部都有一个状态栏，如图 1-1-11 所示。适用时，状态栏将显示以下所述的一些控制和信息区。

图 1-1-11　状态栏

　：控制导航区的显示，即用于打开或关闭导航区。

　：控制 Creo Parametric 浏览器的显示，即用于打开或关闭 Creo Parametric 浏览器。

　：切换全屏模式。

消息区：显示与窗口中工作相关的单行消息。在消息区中单击右键，接着从弹出的快捷菜单中选择"消息日志"命令，可以查看过去的消息。

：单击此"查找"按钮时，弹出"搜索工具"对话框，在模型中按规则搜索、过滤和选择项。

选择缓冲器区：显示当前模型中选定项的数量。

选择过滤器区：显示可用的选择过滤器。从"选择过滤器"下拉列表框中选择所需的选择过滤器选项，以便在图形窗口中快速而正确地选择对象。

1.2.4 Creo 5.0 软件的环境设置

选择"文件"下拉菜单中的"选项"命令，在弹出的"Creo Parametric 选项"对话框中选择"环境"选项，即可进入软件环境设置界面，如图 1 – 1 – 12 所示。

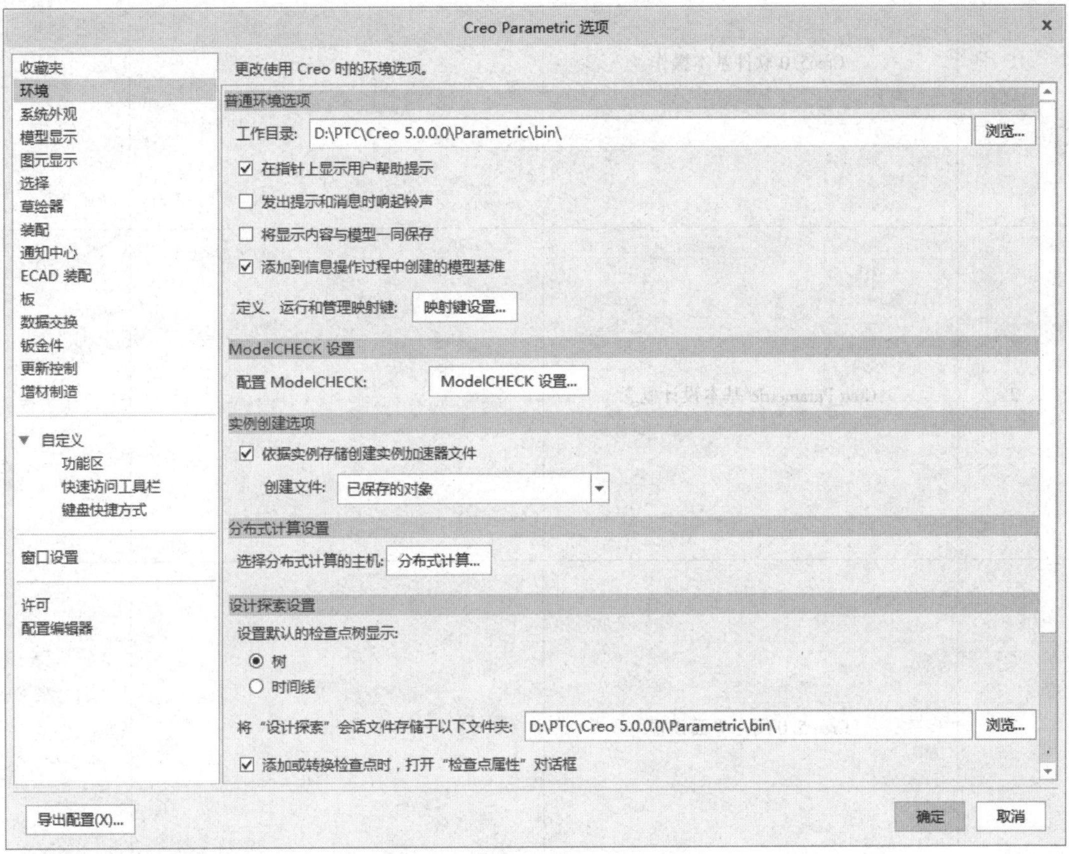

图 1 – 1 – 12 "环境"设置界面

在"Creo Parametric 选项"对话框中选择其他选项，可以设置系统颜色、模型显示、图元显示、草绘器选项以及一些专用模块环境设置等。

用户可以利用一个名为 config. pro 的系统配置文件预设 Creo5.0 软件的工作环境和进行全局设置，例如 Creo 零件模型的质量单位是由"pro_unit_mass 选项"来控制的，这个选项有多个可选的值，如果将其设置为"unit_kilogram"，则零件模型的质量单位为千克（Kg）；例如 Creo5.0 软件的界面是中文还是英文由"menu_translation 选项"来控制，这个选项有三个可选的值：yes、no 和both，它们分别可以使软件界面为中文、英文和中英文双语。

Creo5.0 软件
基本操作

1.3 任务笔记

编号	1-1	任务名称	Creo5.0 软件基本操作		日期	
姓名		学号		班级	评分	
序号		知识点		学习笔记		备注
1		Creo5.0 软件基本操作				
2		Creo Parametric 基本设计概念				
3		Creo 5.0 用户界面设置				
4		Creo 5.0 软件的环境设置				

1.4 任务训练

编号	1-1	任务名称	Creo5.0软件基本操作		日期	
姓名		学号		班级	评分	
训练内容	题目：Creo5.0软件的环境设置 内容与要求：在Creo5.0软件中对系统的颜色、模型显示、图元显示、草绘器选项以及一些专用模块环境设置等。 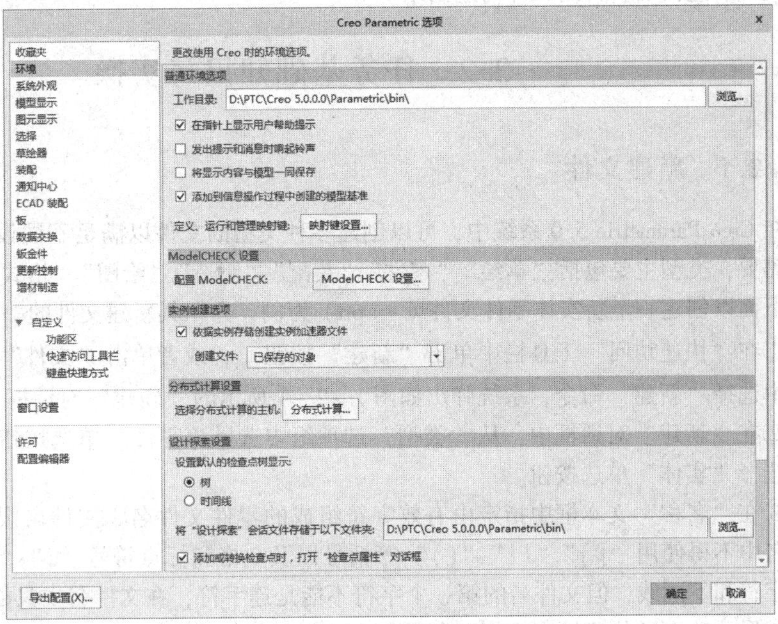 					
实施过程						
其他创新 设计方法						
自我评价						
小结						

2.1 任务描述

对图形文件基本管理的设置可以方便绘图者快速准确地绘制图形，在 Creo Parametric 5.0 中，图形文件管理主要包括新建文件、打开文件、保存文件、备份文件、选择工作目录、拭除文件、删除文件、重命名、关闭文件与退出系统等。

2.2 任务基础知识与实操

2.2.1 新建文件

在 Creo Parametric 5.0 系统中，可以创建多种类型的文件以满足不同设计过程中新建工程项目的需要，类型主要包括"草绘""零件""装配""制造""绘图""格式""记事本"。

下面以创建一个新实体零件文件（*.prt）为例，介绍其新建文件的一般过程。

①在"快速访问"工具栏中单击"新建"按钮 📄，或者单击"文件"按钮并从打开的文件菜单中选择"新建"命令，系统弹出如图 1-2-1 所示的"新建"对话框。

②在"新建"对话框中，从"类型"选项组中选择"零件"单选按钮，从"子类型"选项组中选择"实体"单选按钮。

③在"名称"文本框中指定由有效字符组成的零件文件名。文件名限制在 31 个字符以内，文件名中不得使用"[ ]""{ }""( )"等括号以及空格和标点符号"."","",，""!"，文件名可包含连字符和下画线，但文件名的第一个字符不能是连字符，在文件名中只能使用字母数字字符。

④取消选中"使用缺省模板"复选框。

⑤单击"确定"按钮，如图 1-2-2 所示，弹出"新文件选项"对话框。

图 1-2-1 "新建"对话框

图 1-2-2 "新文件选项"对话框

⑥在"新文件选项"对话框的"模板"列表框中选择"mmns_part_solid"公制模板,然后单击"确定"按钮,从而创建一个实体零件文件,并进入零件设计模式。

2.2.2　打开文件

①调用"打开"命令,在"快速访问"工具栏中单击"打开"按钮,或者单击"文件"按钮并从打开的文件菜单中选择"打开"命令,系统弹出"文件打开"对话框。

②在"类型"选项组中,默认为"CREO 文件"模块。

③利用该对话框查找并选择所需要的模型文件后,可以单击"预览"按钮来预览所选文件的模型效果,如图 1 - 2 - 3 所示。

④再单击"文件打开"对话框中的"打开"按钮,从而打开所选的模型文件。

说明:"文件打开"对话框提供了实用的"在会话中"按钮▇。若单击"在会话中"按钮,则那些保留在系统会话进程内存中的文件便显示在"文件打开"对话框的文件列表框中,此时可以从文件列表框中选择其中所需要的文件来打开。在这里,需要初学者了解 Creo Parametric 5.0 会话进程的概念,通常将从启用 Creo Parametric 5.0 系统到关闭该系统看作是一个会话进程,在这期间用户创建的或打开过的模型文件(即便关闭该文件后)都会存在于系统会话进程内存中,除非用户执行相关命令将其从会话进程中拭除。

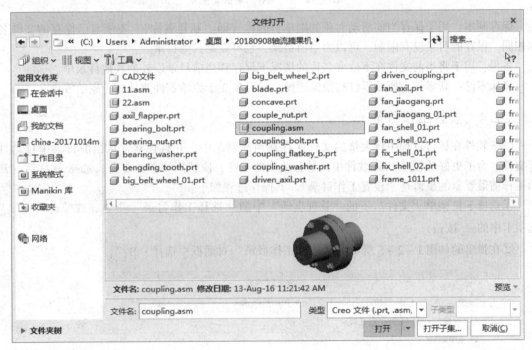

图 1 - 2 - 3　文件打开

2.2.3　保存文件与备份文件

在"文件"菜单中,用来保存文件的命令包括"保存""保存副本""备份""镜像零件"4 个,如图 1 - 2 - 4 所示。

保存:将当前文件以原名保存到当前设置的工作目录或其原来的目录下,此时不能更改文件名称。该命令的作用和"文件"工具栏中的"保存活动对象"按钮相同。

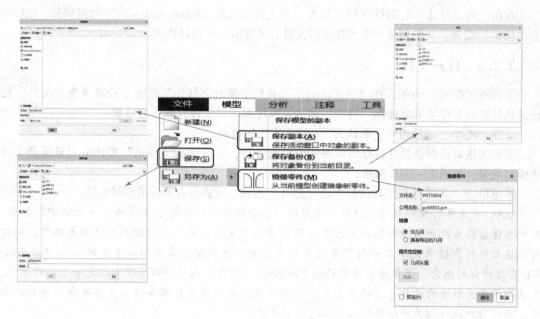

图 1 - 2 - 4　保存与备份文件

保存副本：用于保存当前活动对象的副本，名称（即"新建名称"）不能与已保存的文件名称相同。保存的目录没有限制，可以为当前目录，也可以是其他目录。

备份：用于将当前文件在不改变名称的情况下保存到当前目录以外的其他目录中。

镜像零件：新零件为原始零件的镜像图像，其可独立于原始零件或从属于原始零件。

2.2.4　设置工作目录

Creo 软件在运行过程中将大量的文件保存在当前目录中，并且也常常从当前目录中自动打开文件。为了更好地管理 Creo 软件中大量有关联的文件，应特别注意，在进入 Creo 软件后，开始工作前最要紧的事情是"设置工作目录"。其操作过程如下。

①选择下拉菜单"文件"下的"管理会话"中的"选择工作目录"命令（或单击"主页"选项卡中的 按钮）。

②在弹出的如图 1 - 2 - 5 所示的"选择工作目录"对话框中选择"D:"。

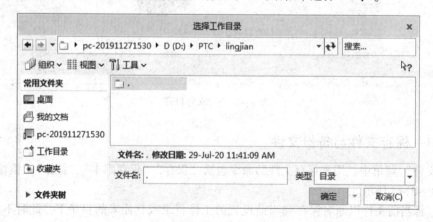

图 1 - 2 - 5　"选择工作目录"对话框

③查找并选取目录 PTC/lingjian。

④单击对话框中的"确定"按钮。

完成这样的操作后，目录 D:\PTC\lingjian 即变成工作目录，而且目录 D:\PTC\lingjian 也变成当前目录，将来文件的创建、保存、自动打开和删除等操作都将在该目录下进行。

2.2.5 拭除文件

拭除文件是指将 Creo Parametric 创建的文件对象从会话进程中清除，而保存在磁盘中的文件仍然保留。既可以从当前会话进程中移除活动窗口中的对象，也可以从当前会话进程中移除所有不在窗口中的对象，但不拭除当前显示的对象及其显示对象所参照的全部对象。

例如，在某一个打开的实体零件文件中，单击"文件"按钮并从弹出的文件菜单中选择"管理会话"｜"拭除当前"命令，则系统弹出图 1-2-6 所示的"拭除确认"提示框，单击"是"按钮，则将该零件从图形窗口中拭除。

如果要从当前会话进程中拭除所有不显示在窗口中的对象，但不拭除当前显示的对象及其显示对象所参照的全部对象，则执行如下操作。

单击"文件"按钮，接着从打开的文件菜单中选择"管理会话"｜"拭除未显示的"命令，系统弹出如图 1-2-7 所示的"拭除未显示的"对话框，该对话框的列表列出了哪些对象将从会话中移除，单击"确定"按钮。若配置文件选项"prompt_on_erase_not_disp"的值设置为"yes"，那么系统会为每一个已修改但未保存的对象显示提示，并允许用户在拭除前保存对象；而若其值设置为"no"（默认值），Creo Parametric 会立即拭除所有未显示的对象。

图 1-2-6 "拭除确认"对话框

图 1-2-7 "拭除未显示的"对话框

2.2.6 删除文件

文件菜单中的"管理文件"级联菜单提供了用于删除文件操作的"删除旧版本"命令和"删除所有版本"命令，前者用于删除指定对象除最高版本以外的所有版本，后者则用于从磁盘删除指定对象的所有版本。删除文件的操作要慎重使用。

2.2.7 重命名文件

要重命名文件，则单击"文件"按钮并从文件菜单中选择"管理文件"｜"重命名"命令，弹出"重命名"对话框，如图 1-2-8 所示，在"新名称"文本框中输入新文件名，并选择"在磁盘上和会话中重命名"单选按钮，或"在会话中重命名"单选按钮，然后单击"确定"按钮。

如果从非工作目录检索对象，然后重命名并保存该对象，则该对象会保存在从其检索的原始目录中，而不是保存在当前工作目录中。即使将文件保存在不同的目录中，也不能使用原始文件名保存或重命名文件。

2.2.8 激活其他窗口

每个 Creo Parametric 对象在自己的图形窗口中打开，Creo Parametric 允许同时打开多个窗口，但每次只有一个窗口是活动的，不过仍然可以在非活动窗口中执行某些功能。要激活其他一个窗口，则可以在"快速访问"工具栏中单击"窗口"按钮，如图 1 - 2 - 9 所示，接着在打开的命令列表中选择要激活的窗口即可。

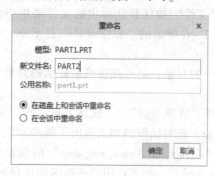

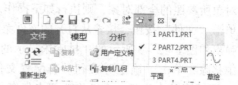

图 1 - 2 - 8 "重命名"对话框   图 1 - 2 - 9 选择要激活的窗口

2.2.9 关闭文件与退出系统

要关闭当前的窗口文件并将对象留在会话进程中，那么可以在"快速访问"工具栏中单击"关闭"按钮 ✕，或者在文件菜单中选择"关闭"命令。使用此方法关闭窗口时，模型对象不再显示，但是在会话进程中会保存在内存中。如果需要可以使用相应的拭除命令将对象从内存中清除。

要退出 Creo Parametric 5.0，则可以单击"文件"按钮并从打开的文件菜单中选择"退出"命令，或者在标题栏最右侧单击"关闭"按钮 ✕。

图形文件基本管理

2.3 任务笔记

编号	1-2	任务名称	图形文件基本管理		日期	
姓名		学号		班级	评分	
序号		知识点		学习笔记		备注
1		新建、打开、保存和备份文件				
2		设置工作目录				
3		拭除、删除和重命名文件				
4		激活其他窗口				
5		关闭文件与退出系统				

2.4　任务训练

编号	1-2	任务名称	图形文件基本管理		日期	
姓名		学号		班级		评分
训练内容	题目：图形文件基本管理设置 内容与要求：新建一个新的实体零件文件（＊.prt），进行文件的打开、保存、设置工作目录、拭除、删除文件等操作。 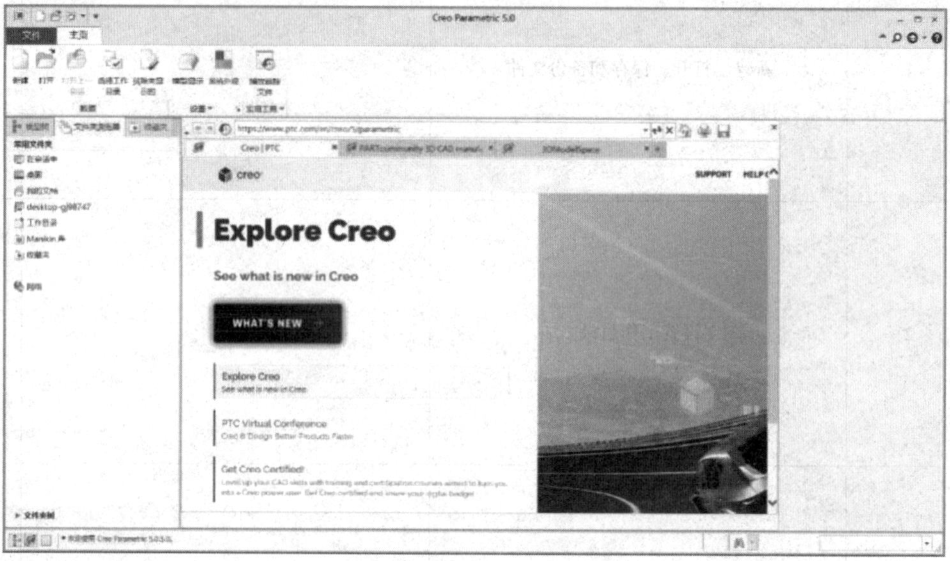 					
实施过程						
其他创新设计方法						
自我评价						
小结						

任务三 模型视图操作与显示设置

3.1 任务描述

对图形模型视图操作与显示设置，可以使得软件中的图形可以直观清晰地显示在绘图区中，从而方便了绘图者对图形进行操作。在 Creo Parametric 5.0 中，模型视图操作与显示设置主要包括模型的显示方式、模型的移动、旋转与缩放、使用命名的视图列表与重定向、模型显示设置、图元显示设置、系统颜色设置以及模型树与层树设置等。

3.2 任务基础知识与实操

3.2.1 模型的几种显示方式

在 Creo 软件中，模型有六种显示方式，如图 1-3-1 所示。单击图 1-3-2 所示的视图功能选项卡模型显示区域中的"显示样式"按钮 ⬚，在系统弹出的菜单中选择相应的显示样式，可以切换模型的显示方式。

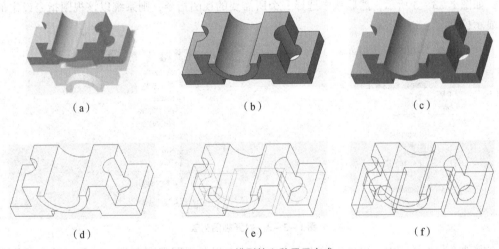

图 1-3-1 模型的六种显示方式

（a）带反射着色显示方式；（b）带边着色显示方式；（c）着色显示方式；
（d）消隐显示方式；（e）隐藏线显示方式；（f）线框显示方式

● 带反射着色显示方式：模型表面为灰色，并以反射的方式呈现另一侧，如图 1-3-1（a）所示。

● 带边着色显示方式：模型表面为灰色，部分表面有阴影感，高亮显示所有边线，如图 1-3-1（b）所示。

● 着色显示方式：模型表面为灰色，部分表面有阴影感，所有边线均不可见，如图 1-3-1（c）所示。

● 消隐显示方式：模型以线框形式显示，可见的边线显示为深颜色的实线，不可见的边线被隐藏起来（即不显示），如图 1-3-1（d）所示。

- 隐藏线显示方式：模型以线框形式显示，可见的边线显示为深颜色的实线，不可见的边线显示为虚线（在软件中显示为灰色的实线），如图1-3-1（e）所示。

- 线框显示方式：模型以线框形式显示，模型所有的边线显示为深颜色的实线，如图1-3-1（f）所示。

图1-3-2 "显示样式"按钮

3.2.2 模型的移动、旋转与缩放

用鼠标可以控制图形区中的模型显示状态。

- 滚动鼠标中键滚轮，可以缩放模型：向前滚，模型缩小；向后滚，模型变大。

- 按住鼠标中键，移动鼠标，可旋转模型。

- 先按住键盘上的Shift键，然后按住鼠标中键，移动鼠标可移动模型。

注意：采用以上方法对模型进行缩放和移动操作时，只是改变模型的显示状态，而不能改变模型的真实大小和位置。

3.2.3 使用命名的视图列表与重定向

在设计中经常使用一些命名视图，如"标准方向""默认方向""BACK""BOTTOM""FRONT""LEFT""RIGHT""TOP"，其方法是在功能区"视图"选项卡的"方向"面板中单击"已保存方向"按钮，或者在"图形"工具栏中单击"已保存方向"按钮，打开视图列表，如图1-3-3所示，然后从中选择一个所需要的视图指令，则系统以该视图指令设定的视角来显示模型。

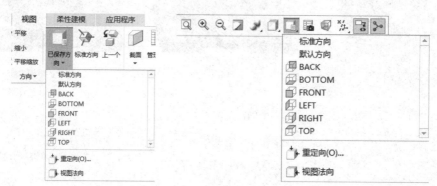

图1-3-3 打开视图列表

在零件或装配模式中，用户可以将自定义的特定视角视图保存起来，以便以后在操作中从视图列表中直接调用，这需要应用到"重定向"功能。

重定向的操作步骤如下。

①在功能区"视图"选项卡的"方向"面板中单击"已保存方向"按钮，或者在"图形"工具栏中单击"已保存方向"按钮，打开视图列表，接着从该视图列表中单击"重定向"按钮，系统弹出"视图"对话框。

②在"视图"对话框的"方向"选项卡中，从"类型"下拉列表框中选择"按参考定向""动态定向""首选项"，接着按照要求指定参照、选项和参数，从而对模型进行重新定向，以获得特定的视角方位来显示模型。

- "按参考定向"：可通过指定两个有效参照方位来定义模型的视图方位，如图1-3-4（a）所示。

- "动态定向"：通过使用平移、缩放和旋转设置，可以动态地定向视图，只适用于 3D 模型，如图 1 – 3 – 4（b）所示。
- "首选项"：以"零件"模式为例，可以在"首选项"区域为模型定义旋转中心和默认方向等，如图 1 – 3 – 4（c）所示。

（a）　　　　　　　　　　（b）　　　　　　　　　　（c）

图 1 – 3 – 4　"视图"对话框

　　如果要使用透视图，那么在"视图"对话框中切换至"透视图"选项卡，如图 1 – 3 – 5 所示，从中设置透视图的视图类型、焦距、目视距离、图像缩放比例等参数。

　　③定向模型后，单击"已保存方向"前面的"展开界面"按钮，可看到已保存方向的视图列表，在"视图名称"文本框中输入新视图名称，如图 1 – 3 – 6 所示，然后单击"保存"按钮。

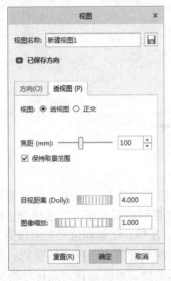

图 1 – 3 – 5　"透视图"选项卡

图 1 – 3 – 6　指定要保存的新视图名称

④单击"视图"对话框中的"确定"按钮。此时若单击"已保存方向"按钮，如图1-3-6所示，则可以看到自定义的命名视图名称出现在已保存的视图列表当中。

3.2.4　模型显示设置

单击"文件"按钮打开文件菜单，接着从文件菜单中选择"选项"命令，弹出 Creo Parametric 选项对话框，选择"模型显示"类别以切换到"模型显示"选项卡，可分别对模型方向、重定向模型时的模型显示和着色模型显示等进行设置，如图1-3-7所示。

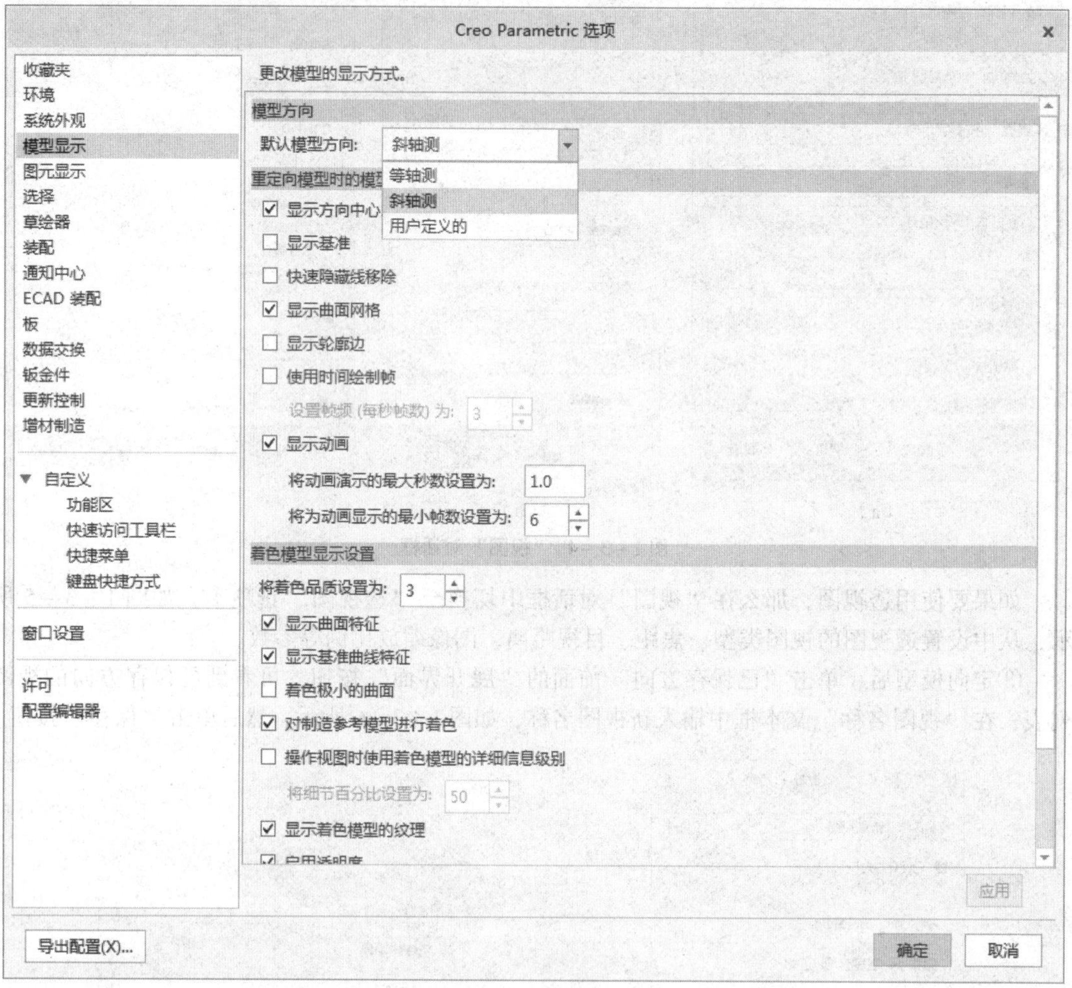

图1-3-7　模型显示设置

3.2.5　图元显示设置

单击"文件"按钮打开文件菜单，并从文件菜单中选择"选项"命令，系统弹出"Creo Parametric 选项"对话框，接着选择"图元显示"类别以切换到"图元显示"选项卡，根据实际要求来分别在"几何显示设置""基准显示设置""尺寸、注释、注解和位号显示设置""装配显示设置"等选项组中进行相关显示设置，如图1-3-8所示。其中，在"基准显示设置"选项组的"将点符号显示为"下拉列表框中选择点符号显示类型，可供选择的点符号类型有"十字型""点""圆""三角形""正方形"。

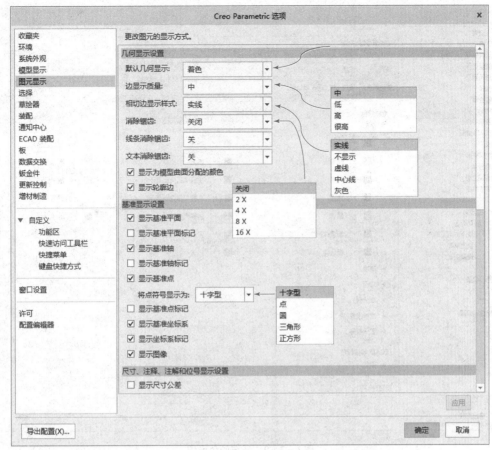

图 1 - 3 - 8　图元显示设置

3.2.6　系统颜色设置

Creo Parametric 提供默认的系统颜色，利用它可以轻松地标识模型几何、基准和其他重要的显示元素。

要更改默认的系统颜色，可以单击"文件"按钮打开文件菜单，并从文件菜单中选择"选项"命令，系统弹出"Creo Parametric 选项"对话框，接着在该对话框中选择"系统外观"类别以切换到"系统外观"选项卡，此时便可以进行系统颜色设置。

如图 1 - 3 - 9 所示，从"主题"下拉列表框中选择"默认主题""浅色主题""深色主题""自定义"选项，从"界面"下拉列表框中选择"默认""浅色""深色"选项，从"系统颜色"下拉列表框中选择"默认""浅色""深色""白底黑色""黑底白色""自定义"等其中一种颜色配置选项。主题、界面和系统颜色设置存在着相应影响。

3.2.7　模型树

模型树是零件文件中所有特征的列表，其中包括基准平面特征和基准坐标系特征等。在零件文件中，模型树显示零件文件名称并在名称下显示零件中的每个特征；在组件文件中，模型树显示组件名称并在名称下显示所包括的零件文件。模型树的典型示例如图 1 - 3 - 10 所示。模型结构以分层（树）形式显示，根对象（当前零件或组件）位于树的顶部，附属对象（特征或零件）位于树的下部，如果打开了多个 Creo Parametric 5.0 窗口，则模型树内容会反映当前窗口中

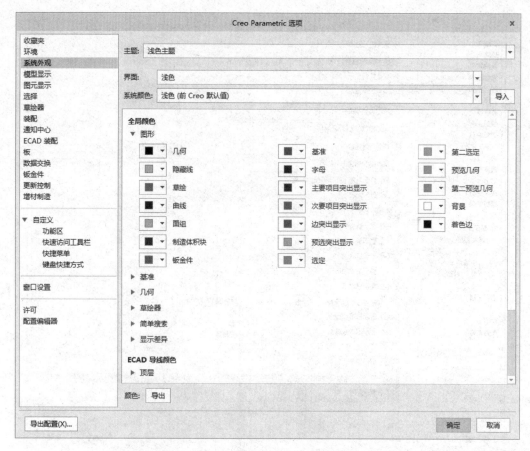

图 1 - 3 - 9　系统颜色设置

的文件。在默认情况下，模型树只列出当前文件中的相关特征和零件级的对象，而不列出构成特征的图元（如边、曲面、曲线等），每个模型树项目包含一个反映其对象类型的图标。

使用模型树可以进行如下主要操作。

- 重命名模型树中的特征名称。
- 选择特征、零件或组件并使用右键快捷菜单对其执行特定对象操作。

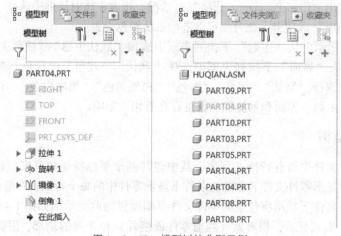

图 1 - 3 - 10　模型树的典型示例

● 按项目类型或状态过滤显示，例如显示或隐藏基准特征，或者显示或隐藏隐含特征。设置模型树项目显示（在模型树中按类型显示或隐藏项）的方法如图 1 – 3 – 11 所示。

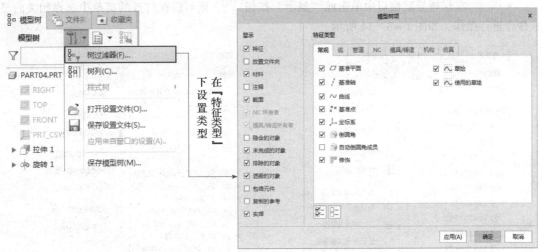

图 1 – 3 – 11　设置模型树项目

● 在装配（组件）模型树中，如图 1 – 3 – 12 所示，可以通过右键单击装配组件文件中的零件并从快捷菜单中选择"打开"命令来将其打开。

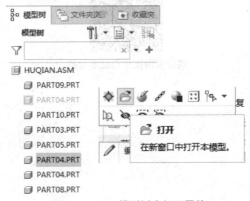

图 1 – 3 – 12　模型树中打开零件

3.2.8　层树

使用层树，可以控制图层、层项目及其显示状况。

在功能区"视图"选项卡的"可见性"面板中单击"层"按钮，可在导航窗口或单独的"层"对话框中显示层树。如果要在单独的"层"对话框中查看层树，则需要事先将配置选项"floating_layer_tree"的值更改为"yes"，其默认值为"no"。

当配置选项"floating_layer_tree"的值默认为"no"时，可以在模型树导航窗口中单击"显示"按钮，如图 1 – 3 – 13 所示，接着选择"层树"命令，便可在导航窗口中显示层树。层树导航窗口提供了以下 3 个实用按钮。

● ：在层树导航窗口中单击此"层"按钮，可以隐藏、取消隐藏、孤立、激活、取消激活、删除、移除、剪切、复制和粘贴项目或层，可以新建层、设置层属性、更改层名称和指定延伸规则等。

● ▾: 在层树导航窗口中单击此"设置"按钮 ▾，可以设置在当前层树中包含的层，即可以向当前定义的层或子模型层中添加非本地项目。

● ▾: 在层树导航窗口中单击此"显示"按钮 ▾，则可以在打开的菜单中选择相关的显示命令进行操作，如图 1 – 3 – 14 所示。

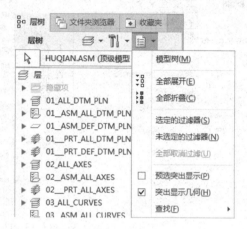

图 1 – 3 – 13　模型树导航窗口　　　　　　　图 1 – 3 – 14　层树导航窗口

模型视图操作与显示设置

3.3 任务笔记

编号	1-3	任务名称	模型视图操作与显示设置		日期	
姓名		学号		班级	评分	
序号	知识点		学习笔记			备注
1	模型的几种显示方式					
2	模型的移动、旋转与缩放、使用命名的视图列表与重定向					
3	模型和图元显示设置					
4	系统颜色设置					
5	模型树和层数					

3.4 任务训练

编号	1-3	任务名称	模型视图操作与显示设置		日期	
姓名		学号		班级	评分	

训练内容	题目：模型视图操作与显示设置 内容与要求：新建一个新的实体零件文件（*.prt），进行模型的显示方式、模型的移动、旋转与缩放、使用命名的视图列表与重定向、模型显示设置、图元显示设置、系统颜色设置以及模型树与层树设置等。 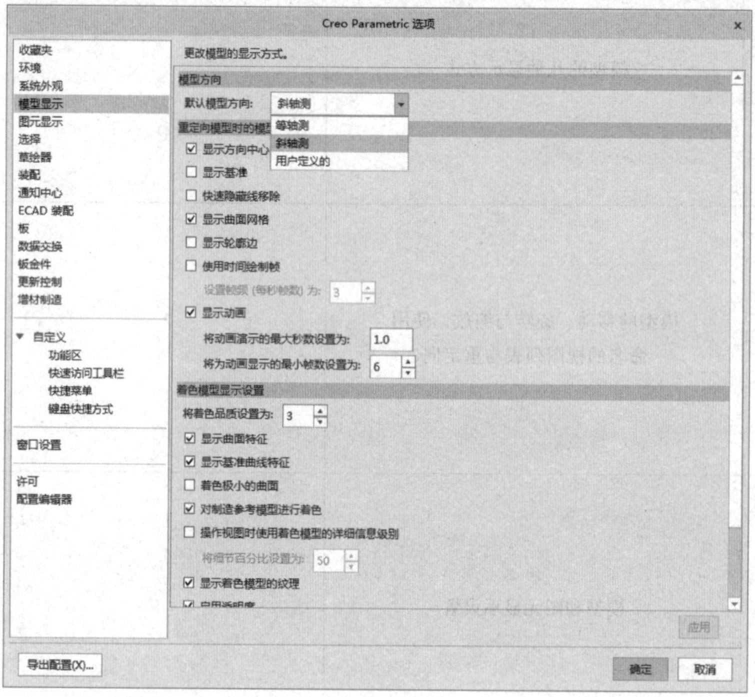
实施过程	
其他创新设计方法	
自我评价	
小结	

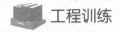 工程训练

操作题

1）新建零件：包括设置个人工作目标，新建零件，设置公制度量单位；

2）零件保存：保存当前零件，另存为新零件，对零件重命名；

3）熟练操作鼠标，切换显示方式，按不同方向视图显示模型；

4）对特征进行编辑、定义、隐藏和恢复；

5）定制界面；

6）显示设置。

学习成果测验

一、选择题

1. 下列四款软件中不属于三维机械产品设计软件的是（   ）。

A. Catia   B. UG（NX）   C. PhotoShop   D. Creo

2. 创建一个新的零件时应选取的模板是（   ）。

A. mmks_asm_design   B. mmns_mfg_cast

C. mmns_part_solid   D. mmns_part_sheetmetal

3. 进入 Creo 5.0 软件后，首先要做的是（   ）。

A. 命名   B. 选择基准面

C. 创建一个公制的零件   D. 设定工作目录

4. 在零件模块中的应用程序选项卡中不能进行的操作是（   ）。

A. 焊接   B. 模具

C. 机构仿真   D. 结构分析

5. Creo5.0 软件是一个参数化系统，所谓参数化就是将（　　）定义为参数形式。

A. 模型所有尺寸 　　　　　　　　　　B. 模型所有实体面

C. 模型所有图层 　　　　　　　　　　D. 模型所有基准

6. 在零件模块中，要得到一个与当前模型不存在几何从属关系的镜像模型，应选择(　　)。

A. 保存 　　　　B. 保存副本 　　　　C. 镜像零件 　　　　D. 保存备份

二、判断题

1. 在 Creo 5.0 软件中，对零件执行保存副本操作时，可以保留原有零件名，可以更改保存路径。 （　　）

2. 在 Creo 5.0 软件中，对零件执行镜像零件操作时，产生的镜像零件与原零件不存在几何从属关系。 （　　）

3. 在 Creo 5.0 软件中，对零件执行保存副本操作时，文件名不可以更改，但保存路径可以更改。 （　　）

4. 在 Creo 5.0 软件中，设置工作目录的作用是方便操作者保存和打开文件，节省设计时间，提高绘图效率。 （　　）

5. 在文件菜单下选择关闭窗口项可以关闭当前模型，但是不能将模型从内存中删除。

（　　）

三、简答题

1. Creo Parametric 5.0 用户界面主要由哪些要素组成？用户界面各组成要素的用途是什么？

2. 如何设置工作目录？设置工作目录有哪些好处？

3. 简述如何使用三键鼠标来快速调整模型视角视图？

4. 假如要将 Creo Parametric 5.0 图形窗口的背景设置为白色，那么应该如何进行操作？

5. 什么是模型树和层树？它们主要用在什么场合？如何打开层树？

思政园地

项目二　三孔底板零件二维草图绘制

项目情境：本项目完成如图2-1-1所示的底板文件的绘制，在草图的绘制、编辑和标注的过程中，重点掌握绘图前的设置、约束的处理以及尺寸的处理技巧等。

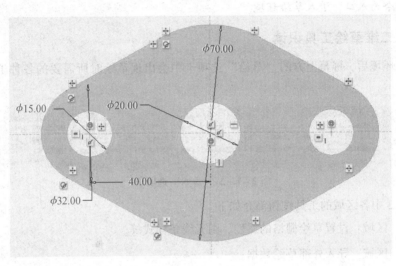

图2-1-1　底板

任务一　基本图元的绘制

1.1　任务描述

Creo零件设计是以特征为基础进行的，大部分几何体特征都来源于二维截面草图。创建零件模型的过程，就是先创建几何特征的2D草图，然后根据2D草图创建3D特征，并对创建的各个特征进行适当的布尔运算，最终得到完整零件的一个过程。因此，二维截面草图是零件建模的基础，十分重要。掌握合理的草图绘制方法和技巧，可以极大地提高零件设计的效率。

在工程实际绘图中要绘制一个三维立体图，都需要从草图绘制开始。草绘是Creo5.0中进行二维平面图形绘制的模块，Creo具有尺寸驱动功能，即图形的大小随图形尺寸的改变而改变。用Creo进行设计，一般是先绘制大致的草图，然后再修改其尺寸，在修改尺寸时输入准确的尺寸值，即可获得最终所需要大小的图形。

1.2 任务基础知识与实操

1.2.1 进入二维草绘环境

进入模型截面草绘环境的操作方法如下。

Step1. 选择下拉菜单"文件"——"新建"命令（或单击"新建"按钮 ）。

Step2. 系统弹出"新建"对话框；在该对话框中选中"草绘"单选项，在文件名后的文本框中输入草图名（如 s2d0001）；单击确定按钮，即进入草绘环境。

注意：还有一种进入草绘环境的途径，就是在创建某些特征（如拉伸、旋转、扫描等）时，以这些特征命令为入口，进入草绘环境。

1.2.2 二维草绘工具识读

进入草绘环境后，屏幕上方的"草绘"选项卡中会出现草绘时所需要的各种工具按钮，如图 2-1-2 所示。

图 2-1-2 "草绘"选项卡

图 2-1-2 中各区域的工具按钮简介如下。

设置▼ 区域：设置草绘栅格的属性、图元线条样式等。

获取数据 区域：导入外部草绘数据。

操作▼ 区域：对草图进行复制、粘贴，剪切、删除、切换图元构造和转换尺寸等。

基准 区域：绘制基准中心线、基准点以及基准坐标系。

草绘 区域：绘制直线、矩形、圆等实体图元以及构造图元。

编辑 区域：镜像、修剪、分割草图，调整草图比例和修改尺寸值。

约束▼ 区域：添加几何约束。

尺寸▼ 区域：添加尺寸约束。

检查▼ 区域：检查开放端点、重复图元和封闭环等。

1.2.3 草绘环境的设置

1. 设置网格间距

根据模型的大小，可设置草绘环境中的网格大小，其操作流程如下。

Step1. 在"草绘"选项卡中单击"栅格设置"按钮。

Step2. 此时系统弹出"栅格设置"对话框，在"间距"选项组中选择"静态"单选项，然后在"X："和"Y："文本框中输入间距值；单击"确定"按钮，结束栅格设置。

Step3. 在"视图"工具条  中单击"草绘显示过滤器"按钮 ，在系

统弹出的菜单中选中 ☑ ⠿⠿ 栅格显示 复选框，可以在图形区中显示栅格。

说明：

（1）Creo 5.0 软件支持笛卡儿坐标和极坐标栅格。当第一次进入草绘环境时，系统显示笛卡儿坐标网格。

（2）通过"栅格设置"对话框，可以修改网格间距和角度。其中，X 间距仅设置 X 方向的间距，Y 间距仅设置 Y 方向的间距，角度设置相对于 X 轴的网格线的角度。刚开始草绘时（创建任何几何形状之前），使用网格可以控制截面的近似尺寸。

2. 草绘区的快速调整

单击"栅格显示"按钮 ⠿⠿，如果看不到网格，或者网格太密，可以缩放草绘区；如果想调整图形在草绘区的上下左右的位置，则可以移动草绘区。

鼠标操作方法说明如下。

（1）中键滚轮（缩放草绘区）：滚动鼠标中键滚轮，向前滚可看到图形在缩小，向后滚可看到图形在变大。

（2）中键（移动草绘区）：按住鼠标中键，移动鼠标，可看到图形跟着鼠标移动。

注意：草绘区这样的调整不会改变图形的实际大小和实际空间位置，它的作用是便于用户查看和操作图形。

3. 草绘选项设置

选择"文件"下拉菜单中的"文件"——"选项"命令，系统弹出"Creo Parametric 选项"对话框，单击其中的"草绘器"选项，即可进入草绘选项设置界面，如图 2-1-3 所示。

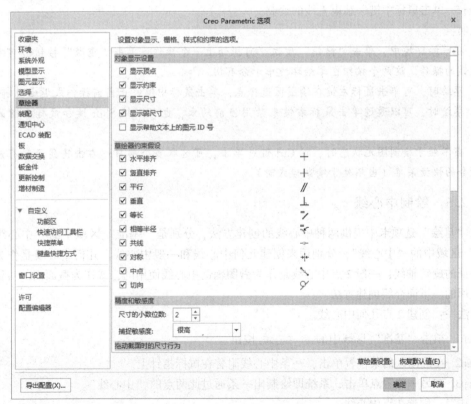

图 2-1-3 草绘选项设置界面

对象显示设置 区域：设置草图中的顶点、约束、尺寸及弱尺寸是否显示。

草绘器约束假设 区域：设置绘图时自动捕捉的几何约束。

精度和敏感度 区域：设置尺寸的小数位数及求解精度。

拖动截面时的尺寸行为 区域：设置是否需要锁定已修改的尺寸和用户定义的尺寸。

草绘器栅格 区域：设置栅格参数。

草绘器启动 区域：设置在建模环境中绘制草图时是否将草绘平面与屏幕平行。

线条粗细 区域：设置线条的粗细。

图元线型和颜色 区域：设置导入截面图元时是否保持原始线型及线色。

草绘器参考 区域：设置是否通过选定背景几何自动创建参考。

草绘器诊断 区域：设置草图诊断选项。

1.2.4　绘制一般直线

Step1. 在"草绘"选项卡中单击"线"命令按钮 ✓ 线 ▾ 中的 ▾，再单击按钮 ✓ ┃线链 。

Step2. 单击直线的起始位置点，此时可看到一条"橡皮筋"线附着在鼠标指针上。

Step3. 单击直线的终止位置点，系统便在两点间创建一条直线，并且在直线的终点处出现另一条"橡皮筋"线。

Step4. 重复步骤 Step3，可创建一系列连续的线段。

Step5. 单击鼠标中键，结束直线的绘制。

说明：

● 在草绘环境中，单击"撤销"按钮 ↺ 可撤销上一个操作，单击"重做"按钮 ↻ 可重新执行被撤销的操作。这两个按钮在草绘环境中十分有用。

● 草绘时，可单击鼠标左键在绘图区选择点，单击鼠标中键终止当前操作或退出当前命令。

● 草绘时，可以通过单击鼠标右键来禁用当前约束，也可以按 Shift 键和鼠标右键来锁定约束。

● 当不处于绘制图元状态时，按 Ctrl 键并单击，可选取多个项目；右击将显示带有最常用草绘命令的快捷菜单（当不处于绘制模式时）。

1.2.5　绘制中心线

在"草绘"选项卡中提供两种中心线的创建方法，分别是"基准"区域中的"中心线"和"草绘"区域中的"中心线"，分别用来创建几何中心线和一般中心线。几何中心线是作为一个旋转特征的旋转轴线；一般 2 点中心线是作为做图辅助中心线使用的，或作为截面内的对称中心线来使用的。下面介绍创建方法。

方法一：创建 2 点几何中心线。

Step1. 单击"基准"区域中的 ┊中心线 按钮。

Step2. 在绘图区的某位置单击，一条中心线附着在鼠标指针上。

Step3. 在另一位置点单击，系统即绘制出一条通过此两点的"中心线"。

方法二：创建 2 点中心线。

说明：创建 2 点中心线的方法和创建 2 点几何中心线的方法完全一样，此处不再介绍。

1.2.6 绘制相切直线

Step1. 在"草绘"选项卡中单击"线"命令按钮 〰 线 ▾ 中的 ▾，再单击按钮 ╲ 直线相切。

Step2. 在第一个圆或弧上单击一点，此时可观察到一条始终与该圆或弧相切的"橡皮筋"线附着在鼠标指针上。

Step3. 在第二个圆或弧上单击与直线相切的位置点，此时便产生一条与两个圆（弧）相切的直线段。

Step4. 单击鼠标中键，结束相切直线的创建。

1.2.7 绘制矩形

矩形对于绘制二维草图十分有用，可省去绘制四条线的麻烦。

Step1. 在"草绘"选项卡中单击按钮 ▢ 矩形 ▾ 中的 ▾，然后再单击 ▢ 拐角矩形按钮。

Step2. 在绘图区某位置单击，放置矩形的一个角点，然后将该矩形拖至所需大小。

Step3. 再次单击，放置矩形的另一个角点，即完成矩形的创建。

1.2.8 绘制圆

方法一：圆心/点——通过选取圆心点和圆上一点来创建圆。

Step1. 单击"圆"命令按钮 ⊙ 圆 ▾ 中的 ⊙ 圆心和点。

Step2. 在某位置单击，放置圆的中心点，然后将该圆拖至所需大小并单击左键，完成该圆的创建。

方法二：三点——通过选取圆上的三个点来创建圆。

Step1. 单击"圆"命令按钮中的 ⊙ 圆 ▾ 中的 ◯ 3 点。

Step2. 在绘图区任意位置单击三个点，然后单击鼠标中键，完成该圆的创建。

方法三：同心圆。

Step1. 单击"圆"命令按钮中的 ◎ 同心。

Step2. 选取一个参照圆或一条圆弧边来定义圆心。

Step3. 移动鼠标指针，将圆拖至所需大小并单击左键，然后单击中键。

方法四：三相切圆。

Step1. 单击"圆"命令按钮 ⊙ 圆 ▾ 中的 ◯ 3 相切。

Step2. 在绘图区依次选取之前所做的三条边线，然后单击鼠标中键，完成该圆的创建。

1.2.9 绘制椭圆

Creo5.0软件提供了两种创建椭圆的方法，并且可以创建斜椭圆。下面介绍椭圆的两种创建方法。

方法一：根据轴端点来创建椭圆。

Step1. 单击"椭圆"命令按钮 ◯ 椭圆 ▾ 中的 ◯ 轴端点椭圆。

Step2. 在绘图区的某位置单击，放置椭圆的一条轴线的起始端点，移动鼠标指针，在绘图区的某位置单击，放置椭圆当前轴线的结束端点。

Step3. 移动鼠标指针，将椭圆拖至所需形状并单击左键放置另一轴，完成椭圆的创建。

方法二：根据椭圆中心和长轴端点来创建椭圆。

Step1. 单击"椭圆"命令按钮 ⬭ 椭圆 ▾中的 ⬭ 中心和轴椭圆。

Step2. 在绘图区的某位置单击，放置椭圆的圆心，移动鼠标指针，在绘图区的某位置单击，放置椭圆的一条轴线的端点。

Step3. 移动鼠标指针，将椭圆拖至所需形状并单击左键，完成椭圆的创建。

说明：椭圆有如下特性。

- 椭圆的中心点相当于圆心，可以作为尺寸和约束的参照。
- 椭圆由两个半径定义：X 半径和 Y 半径。从椭圆中心到椭圆的水平半轴长度称为 X 半径，竖直半轴长度称为 Y 半径。
- 当指定椭圆的中心和椭圆半径时，可用的约束有"相切""图元上的点"和"相等半径"等。

1.2.10　绘制圆弧

Creo 5.0 软件共有四种绘制圆弧的方法。

方法一：点/终点圆弧——确定圆弧的两个端点和弧上的一个附加点来创建一个三点圆弧。

Step1. 单击"圆弧"命令按钮 ⌒ 弧 ▾中的 ⌒ 3点/相切端。

Step2. 在绘图区某位置单击，放置圆弧一个端点；在另一位置单击，放置另一个端点。

Step3. 此时移动鼠标指针，圆弧呈"橡皮筋"样变化，单击确定圆弧上的一点。

方法二：同心圆弧。

Step1. 单击"圆弧"命令按钮 ⌒ 弧 ▾中的 ⦿ 同心。

Step2. 选取一个参照圆或一条圆弧边来定义圆心。

Step3. 将圆拖至所需大小，然后在圆上单击两点以确定圆弧的两个端点。

方法三：圆心/端点圆弧。

Step1. 单击"圆弧"命令按钮 ⌒ 弧 ▾中的 ⌒ 圆心和端点。

Step2. 在某位置单击，确定圆弧中心点，然后将圆拖至所需大小，并在圆上单击两点以确定圆弧的两个端点。

方法四：创建与三个图元相切的圆弧。

Step1. 单击"圆弧"命令按钮 ⌒ 弧 ▾中的 ▽ 3相切。

Step2. 分别选取三个图元，系统便自动创建与这三个图元相切的圆弧。

注意：在第三个图元上选取不同的位置点，可创建不同的相切圆弧。

1.2.11　绘制倒角

Step1. 单击"倒角"命令按钮 ╱ 倒角 ▾中的 ╱ 倒角修剪。

Step2. 分别选取两个图元（两条边），系统便在这两个图元间创建倒角。

说明：

- 单击"倒角"按钮 ╱ 倒角 ▾中的 ╱ 倒角，创建倒角后系统会创建延伸构造线。
- 倒角的对象可以是直线，也可以是圆弧，还可以是样条曲线。

1.2.12　绘制圆角

Step1. 单击"圆角"命令按钮 ╲ 圆角 ▾中的 ╲ 圆形修剪。

Step2. 分别选取两个图元（两条边），系统便在这两个图元间创建圆角，并将两个图元裁剪至交点。

说明：如果选择 ↘ 圆角 ▾ 中的 ↘ ┊ 圆形 命令，系统在创建圆角后会以构造线（虚线）显示圆角拐角。

1.2.13 绘制样条曲线

样条曲线是通过任意多个中间点的平滑曲线。

Step1. 单击"样条曲线"按钮 ∿ 样条。

Step2. 单击一系列点，可观察到一条"橡皮筋"样条附着在鼠标指针上。

Step3. 单击鼠标中键结束样条曲线的绘制。

1.2.14 将图元转化为构造图元

Creo5.0 软件中构造图元的作用是作为辅助线，构造图元以虚线显示。草绘中的直线、圆弧和样条曲线等图元都可以转化为构造图元。下面以图 2-1-4 为例，说明其创建方法。

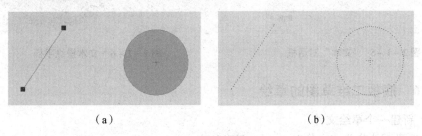

（a）　　　　　　　　　　　　（b）

图 2-1-4　将图元转换为构造图元

（a）图元；（b）构造图元

Step1. 在草绘区域分别绘制直线和圆两个图元。

Step2. 按住 Ctrl 键不放，依次选取图 2-1-4（a）中的直线、圆。

Step3. 在系统弹出的快捷菜单中选择"构造"命令 ╎O╎，被选取的图元就转换成构造图元。结果如图 2-1-4（b）所示。

1.2.15 创建文本

Step1. 单击"草绘"区域中的 **A** 文本按钮。

Step2. 在系统"选择行的起点，确定文本宽度和方向"的提示下，单击一点作为起始点。

Step3. 在系统"选择行的第二点，确定文本高度和方向"的提示下，单击另一点。此时在两点之间会显示一条构造线，该线的长度决定文本的高度，该线的角度决定文本的方向。

Step4. 系统弹出如图 2-1-5 所示的"文本"对话框，在文本对话框中输入文本（一般应少于79个字符）。

Step5. 可设置相应的文本选项，如图 2-1-5 所示。

Step6. 单击"确定"按钮，完成文本创建。

说明：选择"沿曲线放置"复选框，可以将文字沿一条曲线放置，选择在其上放置文本的曲线即可，如图 2-1-6 所示。在绘图区中，可以拖动图 2-1-6 所示的操纵手柄来调整文本的位置和角度。

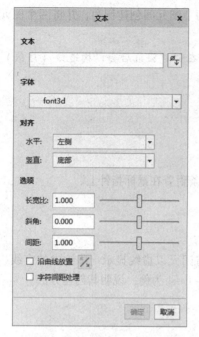

图 2-1-5 "文本" 对话框

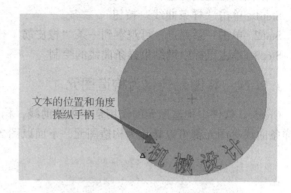

文本的位置和角度
操纵手柄

图 2-1-6 文本操纵手柄

1.2.16 底板二维草图的草绘

Stage1. 新建一个草绘文件

Step1. 选择下拉菜单 "文件" —— "新建" 命令。

Step2. 系统弹出 "新建" 对话框,在该对话框中选中 ◉ 草绘选项,在文件名后的文本框中输入草图名 "diban",单击 "确定" 按钮,即进入草绘环境。

Stage2. 创建草图

Step1. 绘制对称中心线。选择 "草绘" 功能选项卡 "草绘" 区域中的 "中心线" 按钮,绘制水平中心线和竖直中心线,单击中键。

Step2. 绘制圆。选择 "草绘" 功能选项卡 "草绘" 区域中的 "圆" 按钮,绘制任意尺寸的四个圆,单击中键,如图 2-1-7 所示。

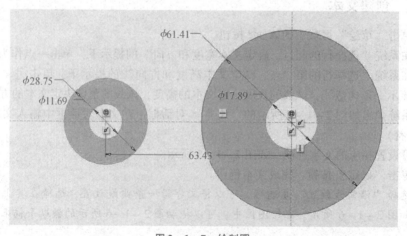

图 2-1-7 绘制圆

Step3. 绘制切线。选择"草绘"功能选项卡，在"草绘"区域中，单击"线"命令按钮 ⌄ 线 ▾ 中的 ▾，再单击按钮 ╲ 直线相切 ，在两圆之间绘制两条切线，如图2-1-8所示。

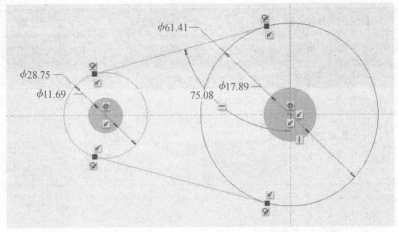

图2-1-8 绘制切线

基本图元的绘制

1.3　任务笔记

编号	2-1	任务名称		基本图元的绘制		日期	
姓名		学号		班级		评分	
序号		知识点		学习笔记			备注
1		进入二维草绘环境					
2		二维草绘工具识读					
3		草绘环境的设置					
4		绘制一般直线、中心线、相切直线					
5		绘制矩形、圆、椭圆、圆弧、倒角、圆角、样条曲线					
6		将图元转化为构造图元					
7		创建文本					

1.4　任务训练

编号	2－1	任务名称		基本图元的绘制		日期	
姓名		学号		班级		评分	
训练内容	题目：草绘环境的设置 内容与要求：新建一个二维草绘环境，对网格间距、草绘区的快速调整、草绘选项设置进行操作练习。 ■ Creo Parametric 选项　　　　　　　　　　　　　　　× 收藏夹　　　　　设置对象显示、栅格、样式和约束的选项。 环境 系统外观　　　　对象显示设置 模型显示　　　　　☑ 显示顶点 图元显示　　　　　☑ 显示约束 选择　　　　　　　☑ 显示尺寸 草绘器　　　　　　☑ 显示弱尺寸 装配　　　　　　　□ 显示帮助文本上的图元 ID 号 通知中心 ECAD 装配　　　　草绘器约束假设 板　　　　　　　　☑ 水平排齐　　　　　　＋ 数据交换　　　　　☑ 竖直排齐　　　　　　＋ 钣金件　　　　　　☑ 平行　　　　　　　　// 更新控制　　　　　☑ 垂直　　　　　　　　⊥ 墙材制造　　　　　☑ 等长　　　　　　　　= 　　　　　　　　　☑ 相等半径　　　　　　ヤ ▼ 自定义　　　　　☑ 共线　　　　　　　　— 　功能区　　　　　☑ 对称　　　　　　　　+ 　快速访问工具栏　☑ 中点　　　　　　　　✓ 　快捷菜单　　　　☑ 切向　　　　　　　　9 　键盘快捷方式 　　　　　　　　　精度和敏感度 窗口设置　　　　　尺寸的小数位数：[2] 　　　　　　　　　捕捉敏感度：[偏高] 许可 配置编辑器　　　　拖动截面时的尺寸行为 导出配置(X)...　　　　　　草绘器设置：[恢复默认值(E)] 　　　　　　　　　　　　　　　[确定]　[取消]
实施过程	
其他创新设计方法	
自我评价	
小结	

2.1　任务描述

基本的二维图形绘制完成后，需要对其进行适当修改以得到符合要求的图形，这时就需要使用系统提供的图形编辑功能，需要对它们进行图元的操纵、删除、复制、镜像、裁剪、旋转图元等操作。

2.2　任务基础知识与实操

2.2.1　直线的操纵

Creo5.0软件提供了图元操纵功能，可方便地旋转、拉伸和移动图元。

直线的操纵1的操作流程（图2-2-1）：在绘图区，把鼠标指针移到直线上，按下左键不放，同时移动鼠标，此时直线以远离鼠标指针的那个端点为圆心转动。达到绘制意图后，松开鼠标左键。

直线的操纵2的操作流程（图2-2-2）：在绘图区，把鼠标指针移到直线的某个端点上，按下左键不放，同时移动鼠标，此时会看到直线以另一端点为固定点伸缩或转动。达到绘制意图后，松开鼠标左键。

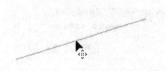

图2-2-1　直线的操纵1　　　　　　　图2-2-2　直线的操纵2

2.2.2　圆的操纵

圆的操纵1的操作流程（图2-2-3）：把鼠标指针移到圆的边线上，按下左键不放，同时移动鼠标，此时会看到圆在变大或缩小。达到绘制意图后，松开鼠标左键。

圆的操纵2的操作流程（图2-2-4）：把鼠标指针移到圆心上，按下左键不放，同时移动鼠标，此时会看到圆随着指针一起移动。达到绘制意图后，松开鼠标左键。

2.2.3　圆弧的操纵

圆弧的操纵1的操作流程（图2-2-5）：把鼠标指针移到圆弧上，按下左键不放，同时移动鼠标，此时会看到圆弧半径变大或变小。达到绘制意图后，松开鼠标左键。

圆弧的操纵2的操作流程（图2-2-6）：把鼠标指针移到圆弧的某个端点上，按下左键不放，同时移动鼠标，此时会看到圆弧以另一端点为固定点旋转，并且圆弧的包角也在变化。达到绘制意图后，松开鼠标左键。

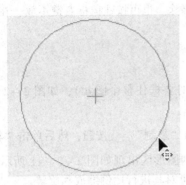
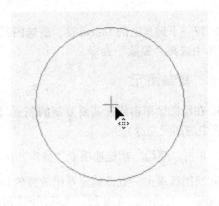

图2-2-3 圆的操纵1 　　　　　　　　图2-2-4 圆的操纵2

圆弧的操纵3的操作流程（图2-2-7）：把鼠标指针移到圆心上，按下左键不放，同时移动鼠标，此时圆弧随着指针一起移动。达到绘制意图后，松开鼠标左键。

说明：

● 点和坐标系的操纵很简单，读者不妨自己试一试。

● 同心圆弧的操纵与圆弧基本相似。

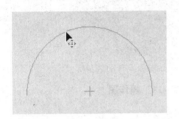
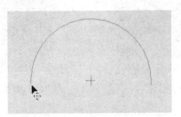
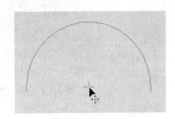

图2-2-5 圆弧的操纵1 　　　图2-2-6 圆弧的操纵2 　　　图2-2-7 圆弧的操纵3

2.2.4 样条曲线的操纵

样条的操纵1的操作流程（图2-2-8）：把鼠标指针移到样条曲线的某个端点上，按下左键不放，同时移动鼠标，此时样条曲线以另一端点为固定点旋转，同时大小也在变化。达到绘制意图后，松开鼠标左键。

样条的操纵2的操作流程（图2-2-9）：把鼠标指针移到样条曲线的中间点上，按下左键不放，同时移动鼠标，此时样条曲线的拓扑形状（曲率）不断变化。达到绘制意图后，松开鼠标左键。

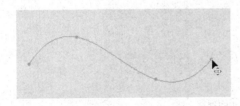
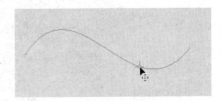

图2-2-8 样条的操纵1 　　　　　　　图2-2-9 样条的操纵2

2.2.5 删除图元

Step1. 在绘图区单击或框选要删除的图元（框选时要框住整个图元），此时可看到选中的图元变绿。

Step2. 按一下键盘上的 Delete 键，所选图元即被删除。也可按住鼠标右键不放，在系统弹出的快捷菜单中选择"删除"命令。

2.2.6 复制图元

Step1. 在绘图区单击或框选要复制的图元（框选时要框住整个图元），如图 2 – 2 – 10 所示（可看到选中的图元变绿）。

Step2. 单击"草绘"功能选项卡"操作"区域中的"复制" 📋 按钮，然后单击"粘贴" 📋 按钮，再在绘图区单击一点以确定草图放置的位置，则图形区出现如图 2 – 2 – 11 所示的图元操作图和"粘贴"对话框。在复制二维草图的同时，还可对其进行比例缩放和旋转。

Step3. 单击 ✔ 按钮，确认变化并退出。

图 2 – 2 – 10　复制图元

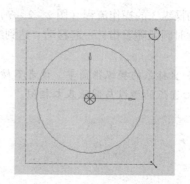

图 2 – 2 – 11　操作图

2.2.7 镜像图元

Step1. 在绘图区单击或框选要镜像的图元。

Step2. 单击"草绘"功能选项卡"编辑"区域中的 镜像 按钮。

Step3. 系统提示选取一个镜像中心线，选择如图 2 – 2 – 12 所示的中心线（如果没有可用的中心线，可用绘制中心线的命令绘制一条中心线。这里要特别注意：基准面的投影线看上去像中心线，但它并不是中心线）。

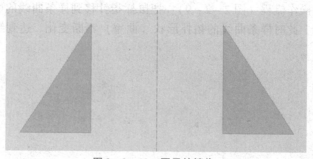

图 2 – 2 – 12　图元的镜像

2.2.8 裁剪图元

方法一：去掉方式。

Step1. 单击"绘图"功能选项卡"编辑"区域中的 删除段 按钮。

Step2. 分别单击各相交图元上要去掉的部分，如图 2 – 2 – 13 所示。

方法二：保留方式。

Step1. 单击"绘图"功能选项卡"编辑"区域中的 拐角 按钮。

Step2. 依次单击两个相交图元上要保留的一侧，如图 2 – 2 – 14 所示。

说明：如果所选两图元不相交，则系统将对其延伸，并将线段修剪至交点。

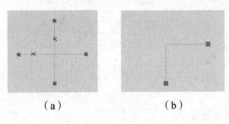
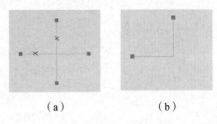

（a）　　　　　　（b）　　　　　　　（a）　　　　　　（b）

图 2 – 2 – 13　去掉方式图　　　　　　图 2 – 2 – 14　保留方式

（a）裁剪前；（b）裁剪后　　　　　　（a）裁剪前；（b）裁剪后

方法三：分割图元。

Step1. 单击"绘图"功能选项卡"编辑"区域中 分割 按钮。

Step2. 单击一个要分割的图元，如图 2 – 2 – 15 所示。系统在单击处断开图元。

2.2.9　旋转调整大小

Step1. 在绘图区单击或框选（框选时要框住整个图元）要比例缩放的图元（可看到选中的图元变绿）。

Step2. 单击"草绘"功能选项卡"编辑"区域中的 旋转调整大小 按钮，图形区出现如图 2 – 2 – 16 所示的图元操作图和"旋转调整大小"选项卡。

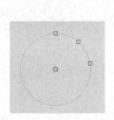
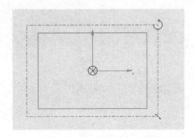

图 2 – 2 – 15　分割图元　　　　图 2 – 2 – 16　图元操作图

（1）单击选取不同的操纵手柄，可以进行移动、缩放和旋转操纵。

（2）也可以在"旋转调整大小"对话框内分别输入相应的缩放值、旋转值进行缩放、旋转和移动操作。

（3）单击"旋转调整大小"对话框中的 ✔ 按钮，确认变化并退出。

2.2.10　底板二维草图的编辑

镜像图形。按住 Ctrl 键选取左侧两切线和大圆，选择"草绘"功能选项卡"编辑"区域中的"镜像"按钮，按消息区提示"选择一条中心线"，选择竖直中心线，完成镜像，如图 2 – 2 – 17 所示。

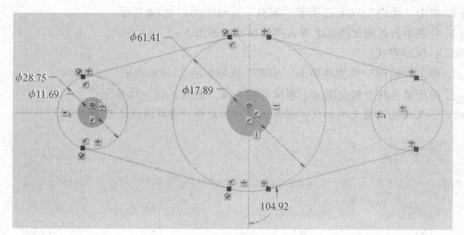

图 2 – 2 – 17　镜像图形

基本图元的编辑

2.3 任务笔记

编号	2-2	任务名称	基本图元的编辑	日期	
姓名		学号	班级	评分	
序号		知识点	学习笔记		备注
1		直线、圆、圆弧、样条曲线的操纵			
2		删除、复制、镜像、裁剪图元			
3		旋转调整大小			

2.4 任务训练

编号	2 – 2	任务名称	基本图元的编辑		日期	
姓名		学号		班级	评分	

训练内容	题目：二维草图的编辑练习 内容与要求：绘制如下的图形，进行二维草图的编辑练习。 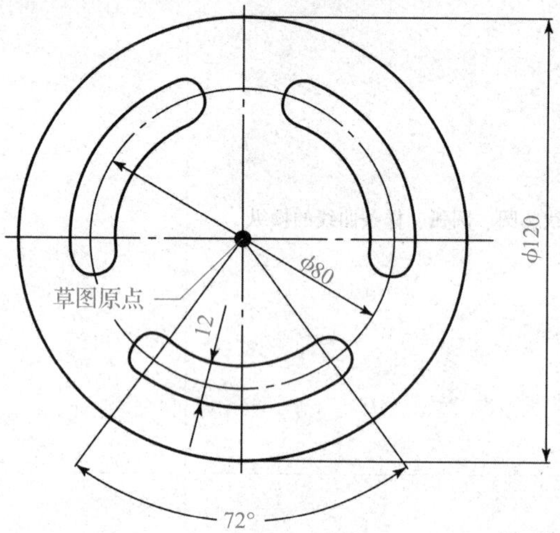
实施过程	
其他创新 设计方法	
自我评价	
小结	

3.1　任务描述

在绘制二维草图的几何图元时，系统会及时自动地产生尺寸，这些尺寸被称为"弱"尺寸，用户不能手动删除，"弱"尺寸显示为青色。用户还可以按设计意图增加尺寸以创建所需的标注布置，这些尺寸称为"强"尺寸。在标注"强"尺寸时，系统自动删除多余的"弱"尺寸和约束，以保证二维草图的完全约束。用户可以把有用的"弱"尺寸转换成"强"尺寸。

二维图形的尺寸标注完成后，有时需要根据工程实际需要对其中的一些尺寸进行编辑调整。根据尺寸驱动原理，当对图形完成标注后，可以通过修改尺寸数值的方法来修正设计意图，系统将根据新的尺寸再生设计结果。

3.2　任务基础知识与实操

3.2.1　标注线段长度

Step1. 单击"草绘"功能选项卡"尺寸"区域中的 ↤→ 尺寸 按钮。

Step2. 选取要标注的图元。单击选择直线，如图 2-3-1 所示。

Step3. 确定尺寸的放置位置。在适当的位置单击鼠标中键以放置尺寸。

3.2.2　标注两条平行线间的距离

Step1. 单击"草绘"功能选项卡"尺寸"区域中的 ↤→ 尺寸 按钮。

Step2. 分别单击以选择两条平行线，中键单击适当的位置以放置尺寸，如图 2-3-2 所示。

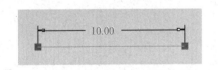

图 2-3-1　线段长度尺寸的标注

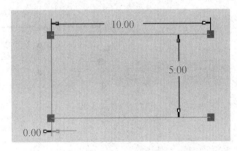

图 2-3-2　平行线距离的标注

3.2.3　标注点到直线的距离

Step1. 单击"草绘"功能选项卡"尺寸"区域中的 ↤→ 尺寸 按钮。

Step2. 单击以选择点，单击以选择直线，中键单击在适当的位置以放置尺寸，如图 2-3-3 所示。

3.2.4 标注两点间的距离

Step1. 单击"草绘"功能选项卡"尺寸"区域中的 $\overset{\longleftrightarrow}{_{尺寸}}$ 按钮。

Step2. 分别单击以选择两点，中键单击在适当的位置以放置尺寸，如图 2-3-4 所示。

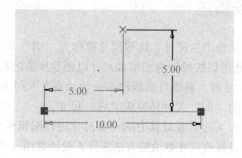

图 2-3-3　点、线间距离的标注

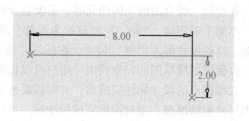

图 2-3-4　两点间距离的标注

3.2.5 标注对称尺寸

Step1. 单击"草绘"功能选项卡"尺寸"区域中的 $\overset{\longleftrightarrow}{_{尺寸}}$ 按钮。

Step2. 选择点 1，选择对称中心线上的任意 2，再次选择点 1，中键单击位置 3 以放置尺寸，如图 2-3-5 所示。

注意：标注对称尺寸，必须有一条中心线。

3.2.6 标注两条直线的角度

Step1. 单击"草绘"功能选项卡"尺寸"区域中的 $\overset{\longleftrightarrow}{_{尺寸}}$ 按钮。

Step2. 分别单击选择两条直线，在两条直线间单击中键以放置尺寸，如图 2-3-6 所示。

注意：在草绘环境下不显示角度符号"°"。

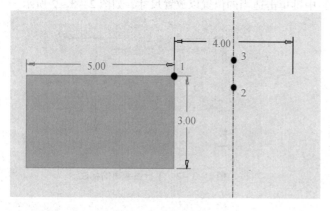

图 2-3-5　对称尺寸的标注

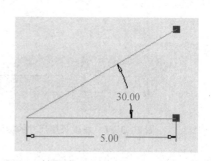

图 2-3-6　角度的标注

3.2.7 标注圆弧角度

Step1. 单击"草绘"功能选项卡"尺寸"区域中的 $\overset{\longleftrightarrow}{_{尺寸}}$ 按钮。

Step2. 分别选择弧的两个端点及弧上一点，中键单击适当的位置以放置尺寸，然后选中如图 2-3-7所示的弧长尺寸，在系统弹出的快捷菜单中选择 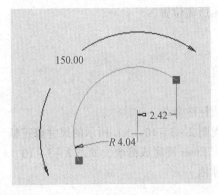 命令，如图 2-3-7所示。

3.2.8 标注半径

Step1. 单击"草绘"功能选项卡"尺寸"区域中的 ↔ 按钮。

Step2. 单击选择圆上一点，中键单击适当的位置以放置尺寸，如图 2-3-8所示。

图 2-3-7 圆弧角度标注

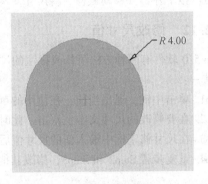

图 2-3-8 半径的标注

3.2.9 标注直径

Step1. 单击"草绘"功能选项卡"尺寸"区域中的 ↔ 按钮。

Step2. 双击圆上的某一点，然后中键单击适当的位置以放置尺寸，如图 2-3-9所示。

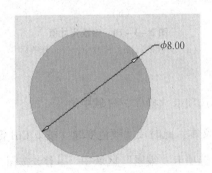

图 2-3-9 直径的标注

3.2.10 控制尺寸的显示

可以用下列方法之一打开或关闭尺寸显示。

(1) 单击"视图控制"工具栏中的 按钮，在系统弹出的菜单中选中或取消选中 ☑ 尺寸显示 复选框。

(2) 选择"文件"下拉菜单中的"文件"——"选项"命令，系统弹出"Creo Parametric 选项"对话框；单击其中的"草绘器"选项，然后选中或取消选中 ☑ 显示尺寸 和 ☑ 显示弱尺寸 复选框，从而打开或关闭尺寸和弱尺寸的显示。

（3）要禁用默认尺寸显示，需将配置文件 config. pro 中的变量 sketcher_disp—dimensions 设置为 "no"。

3.2.11 移动尺寸

Step1. 单击 "草绘" 功能选项卡 "操作" 区域中的 选择 。

Step2. 单击要移动的尺寸文本。选中后，可看到尺寸变绿。
Step3. 按下左键并移动鼠标，将尺寸文本拖至所需位置。

3.2.12 修改尺寸值

Cero 5.0 软件有两种方法可修改标注的尺寸值。

方法一：

Step1. 单击中键，退出当前正在使用的草绘或标注命令。
Step2. 在要修改的尺寸文本上双击，此时出现图 2-3-10（b）所示的尺寸修正框。
Step3. 在尺寸修正框中输入新的尺寸值后，按 Enter 键完成修改，如图 2-3-10（c）所示。
Step4. 重复步骤 Step2 和 Step3，修改其他尺寸值。

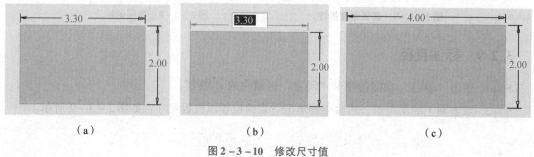

（a） （b） （c）

图 2-3-10 修改尺寸值
（a）修改前；（b）修改中；（c）修改后

方法二：

Step1. 单击 "草绘" 功能选项卡 "操作" 区域中的 选择 。

Step2. 单击要修改的尺寸文本，此时尺寸颜色变绿（按下 Ctrl 键可选取多个尺寸）。

Step3. 单击 "草绘" 功能选项卡 "编辑" 区域中 修改按钮，此时系统弹出 "修改尺寸"对话框，所选取的每一个目标尺寸值出现在 "尺寸" 列表中。

Step4. 在尺寸列表中输入新的尺寸值。

注意：也可以单击并拖移尺寸值旁边的 "旋转轮盘"。要增加尺寸值，向右拖移；要减少尺寸值，则向左拖移。在拖移该轮盘时，系统会自动更新图形。

Step5. 修改完毕后，单击 确定 按钮。系统再生截面并关闭对话框。

3.2.13 将 "弱" 尺寸转换为 "强" 尺寸

退出草绘环境之前，将二维草图中的 "弱" 尺寸加强是一个很好的习惯，那么如何将 "弱"尺寸变成 "强" 尺寸呢？操作方法如下。

Step1. 在绘图区选取要加强的 "弱" 尺寸。

Step2. 在弹出的快捷菜单中选择 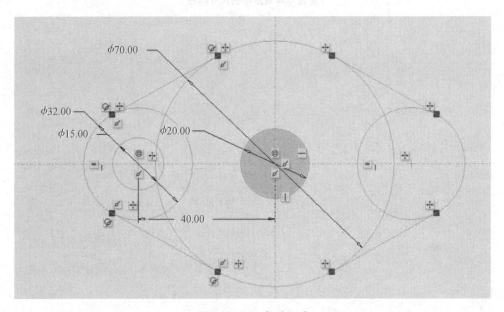命令，此时可看到所选的尺寸由青色变为蓝色，说明已经完成转换。

注意：在整个 Creo 软件中，每当修改一个"弱"尺寸值或在一个关系中使用它时，该尺寸就自动变为"强"尺寸。加强一个尺寸时，系统按四舍五入原则对其取整到系统设置的小数位数。

3.2.14 锁定或解锁草绘截面尺寸

在草绘截面中，选择一个尺寸，在弹出的菜单中选择🔒选项，可以将尺寸锁定。被锁定的尺寸将以深红色显示。当编辑、修改草绘截面时（包括增加、修改截面尺寸），非锁定的尺寸有可能被系统自动删除或修改，而锁定后的尺寸则不会被系统自动删除或修改（但用户可以手动修改锁定的尺寸）。当选取被锁定的尺寸，在弹出的菜单中选择🔒选项，此时该尺寸的颜色恢复到以前未锁定的状态。这种功能在创建和修改复杂的草绘截面时非常有用，作为一个操作技巧会经常被用到。

注意：
● 通过设置草绘器选项，可以控制尺寸的锁定。操作方法是：选择"文件"下拉菜单中的"文件"——"选项"命令，系统弹出"Creo Parametric 选项"对话框，单击其中的"草绘器"选项，在 拖动截面时的尺寸行为 区域中选中□ 锁定已修改的尺寸或□ 锁定用户定义的尺寸复选框。

3.2.15 底板二维草图的尺寸标注

Step1. 标注图形相应的尺寸大小，为了便于看尺寸，可以调整尺寸的位置。如图 2 – 3 – 11 所示。

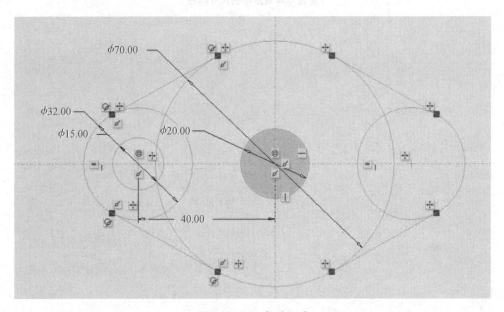

图 2 – 3 – 11 标注尺寸

Step2. 删除图线。选择"草绘"功能选项卡"编辑"区域中的"删除段"按钮，按消息区提示➡️选择图元或在图元上面拖动鼠标来修剪。，修剪多余的图线。如图 2 – 3 – 12 所示。

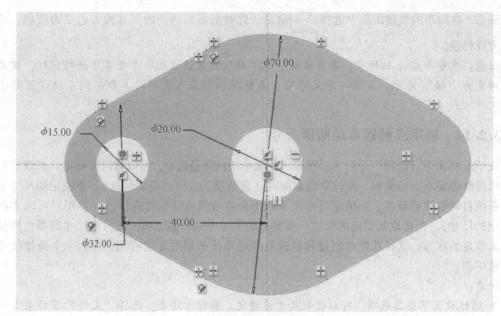

图 2 - 3 - 12　删除图线

底板零件草图中的尺寸标注

3.3 任务笔记

编号	2-3	任务名称		底板零件草图中的尺寸标注		日期	
姓名		学号		班级		评分	
序号	知识点			学习笔记			备注
1	标注线段长度、两条平行线间的距离、点到直线的距离、两点间的距离						
2	标注对称尺寸						
3	标注两条直线的角度、标注圆弧角度						
4	标注半径、直径						
5	控制尺寸的显示						
6	移动、修改尺寸						
7	将"弱"尺寸转换为"强"尺寸						
8	锁定或解锁草绘截面尺寸						

3.4　任务训练

编号	2-3	任务名称	底板零件草图中的尺寸标注		日期	
姓名		学号		班级	评分	
训练内容	题目：二维草图的尺寸标注练习 内容与要求：绘制如下的图形，进行二维草图的尺寸标注练习。 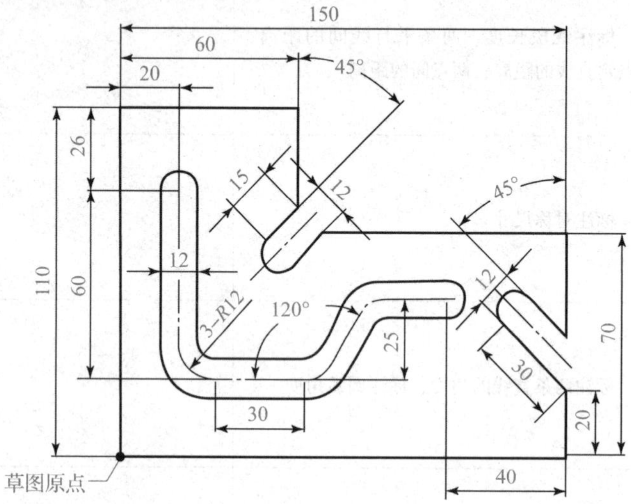 					
实施过程						
其他创新 设计方法						
自我评价						
小结						

任务四 底板零件草图中的几何约束

4.1 任务描述

按照工程技术人员的设计习惯，在草绘时或草绘后，希望对绘制的草图增加一些平行、相切、相等或对齐等约束来帮助几何定位。在 Creo5.0 软件的草绘环境中，用户可以很方便地对草图进行约束。下面将对约束进行详细的介绍。

4.2 任务基础知识与实操

4.2.1 约束的显示

1. 约束的显示控制

单击“视图控制”工具栏中的按钮，在系统弹出的菜单中选中或取消选中☑ 约束显示复选框，即可控制约束符号在屏幕中的显示或关闭。

2. 各种约束类型符号如图 2－4－1 所示。

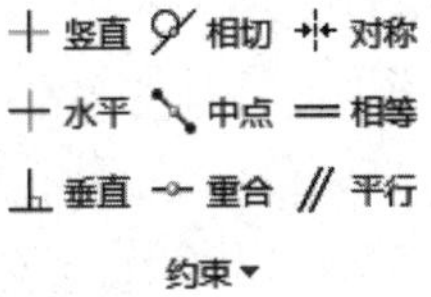

竖直
相切
对称
水平
中点
相等
垂直
重合
平行
约束

图 2－4－1 约束类型符号

4.2.2 创建约束

下面以图 2－4－2 所示的平行约束为例，说明创建约束的步骤。

Step1. 单击“草绘”功能选项卡“约束”区域中的 平行按钮。

Step2. 系统在消息区提示➡选择两个或多个线图元使它们平行。，分别选取两条直线。此时系统按创建的约束更新截面，并显示约束符号。如果不显示约束符号，单击“视图控制”工具栏中的按钮，在系统弹出的菜单中选中 ☑ 约束显示复选框，可显示约束。

Step3. 重复步骤 Step1 和 Step2，可创建其他约束。

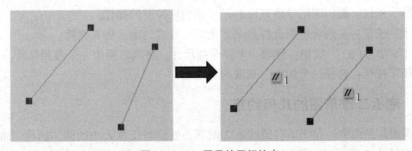

图 2－4－2 图元的平行约束

4.2.3 删除约束

Step1. 单击要删除约束的显示符号，选中后，约束符号颜色变绿。

Step2. 按下 Delete 键，系统删除所选的约束。

注意：删除约束后，系统会自动增加一个约束或尺寸来使二维草图保持全约束状态。

4.2.4 解决约束冲突

当增加的约束或尺寸与现有的约束或"强"尺寸相互冲突或多余时，例如在图 2-4-3 所示的草绘截面中添加尺寸"1.5"时如图 2-4-4 所示，系统就会加亮冲突尺寸或约束，并告诉用户删除加亮的尺寸或约束之一；同时系统弹出如图 2-4-5 所示的"解决草绘"对话框，利用此对话框可以解决冲突。

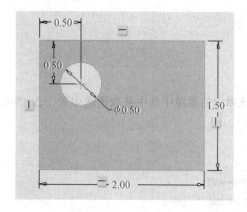

图 2-4-3　草绘图形

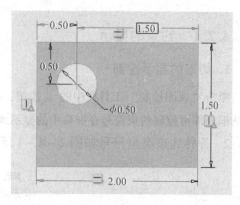

图 2-4-4　添加尺寸

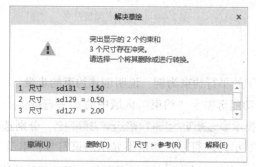

图 2-4-5　"解决草绘"对话框

其中各选项说明如下。

- "撤销"按钮：撤销刚刚导致截面的尺寸或约束冲突的操作。
- "删除"按钮：从列表框中选择某个多余的尺寸或约束，将其删除。
- "尺寸 > 参考(R)"按钮：选取一个多余的尺寸，将其转换为一个参照尺寸。
- "解释"按钮：选择一个约束，获取约束说明。

4.2.5 底板二维草图的几何约束

Step1. 添加几何约束。在图形右侧的 φ32 的圆心处绘制任意大小的圆，选择"相等"约束，分别选择左侧的 φ15 的圆和右侧刚绘制的任意大小的圆，使得两圆的大小相等，完成"相等"

约束，最终完成底板草图的绘制。如图2-4-6所示。

Step2. 保存文件。在快速访问工具栏上单击"保存"按钮，或者按"Ctrl + S"键，单击"确定"按钮保存文件。

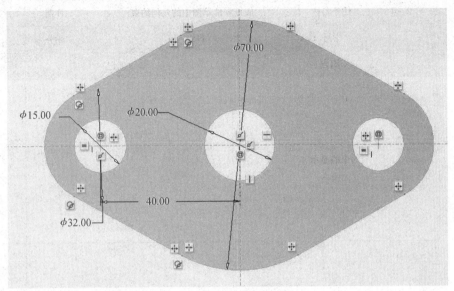

图2-4-6 底板草图

底板零件草图中的几何约束

4.3　任务笔记

编号	2-4	任务名称	底板零件草图中的几何约束		日期	
姓名		学号		班级	评分	
序号		知识点		学习笔记		备注
1		约束的显示				
2		创建约束				
3		删除约束				
4		解决约束冲突				

4.4　任务训练

编号	2－4	任务名称	底板零件草图中的几何约束		日期	
姓名		学号		班级		评分

训练内容	题目：草图中的几何约束练习 内容与要求：绘制如下的图形，进行二维草图中的几何约束练习。 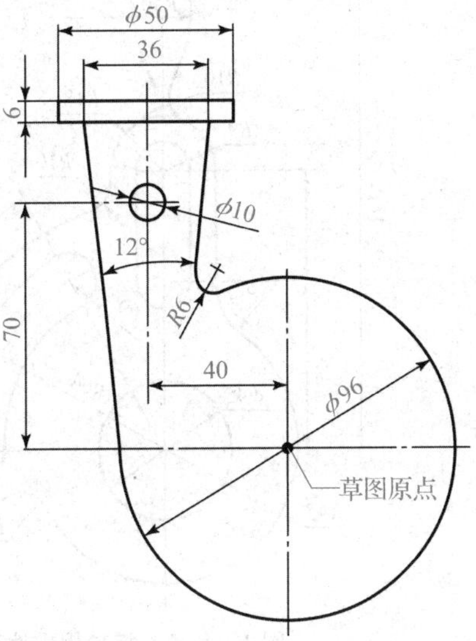 *[图形：φ50、36、6、φ10、12°、R6、70、40、φ96、草图原点标注的零件草图]*
实施过程	
其他创新 设计方法	
自我评价	
小结	

绘制如图2-4-7所示的挂轮板零件，在草图的绘制、编辑和标注的过程中，重点掌握绘图前的设置、约束的处理以及尺寸的处理技巧等。

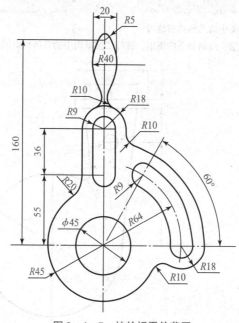

图2-4-7 挂轮板零件草图

学习成果测验

一、选择题

1. 在草绘环境中，鼠标是绘制草图时使用最频繁的工具，（ ）结束当前操作。

A. 单击左键   B. 单击中键（或滚轮）

C. 单击右键   D. 长按右键

2. 在Creo 5.0软件中草绘图是以什么格式进行保存的（ ）。

A. #. prt   B. #. asm   C. #. sec   D. #. drw

3. 草绘模块中的中心线的作用主要是用来（ ）。

A. 对称   B. 旋转轴

C. 尺寸参考   D. 对称、辅助线和旋转轴

4. 在Creo 5.0软件中，用于绘制和编辑二维平面草图的模块是（ ）。

A. 草绘模块   B. 零件模块   C. 装配模块   D. 曲面模块

5. 在Creo 5.0软件的草绘模块中，以下哪一项不是二维草绘的基本几何图元？（ ）

A. 直线   B. 圆   C. 矩形   D. 圆锥体

6. 在Creo 5.0软件的草绘模块中，以下哪一种不属于绘制圆的方法？（ ）

A. 通过选取圆心和圆上的一点来创建圆   B. 通过拾取三个点来创建圆

C. 创建同心圆弧   D. 创建与三个图元相切的圆

7. 在 Creo 5.0 软件的草绘模块中，绘制文字时，如果使输入的文字字头向上，则选取点的顺序应该是（   ）。

A. 由左往右　　　　　　　　　　　　B. 由右往左

C. 由下往上　　　　　　　　　　　　D. 由上往下

8. 在 Creo 5.0 软件的草绘模块中，以下哪种标注方式是标注角度值的？（   ）

A. 半径标注　　　　　　　　　　　　B. 直径标注

C. 角度标注　　　　　　　　　　　　D. 长度标注

9. 在 Creo 5.0 软件的草绘模块中，下面哪一项能将一个图元变为两个一样的图元？（   ）

A. 复制几何图元　　　　　　　　　　B. 移动几何图元

C. 缩放几何图元　　　　　　　　　　D. 旋转几何图元

10. 在 Creo 5.0 软件的草绘模块中，要将一个图元分割成两个图元，应用下面哪一个命令？（   ）

A. ⧉ 修改　　　　　　　　　　　　B. ⌐ 分割

C. ⧄ 删除段　　　　　　　　　　　D. ⌐ 拐角

11. 在 Creo 5.0 软件的草绘模块中，以下哪一个约束能使两条线段长度相等？（   ）

A. ┼ 竖直　　　　　　　　　　　　B. ╫ 对称

C. ═ 相等　　　　　　　　　　　　D. ⊸ 重合

12. 在 Creo 5.0 软件的草绘模块中，在标注尺寸时，最终应单击鼠标哪一个键来放置尺寸？（   ）

A. 鼠标左键　　　　　　　　　　　　B. 鼠标中键

C. 鼠标右键　　　　　　　　　　　　D. 鼠标左键加中键

13. 在 Creo 5.0 软件的草绘模块中，在尺寸标注时，被选中的对象会变成（   ）。

A. 绿色　　　　　B. 紫色　　　　　C. 白色　　　　　D. 红色

14. 在 Creo 5.0 软件的草绘模块中，按下选取按钮，用鼠标拖动圆的圆心及拖动圆的边线分别可以改变圆的（   ）。

A. 位置　大小　　　　　　　　　　　B. 位置　位置

C. 大小　位置　　　　　　　　　　　D. 大小　大小

15. 在 Creo 5.0 软件的草绘模块中，在绘图过程中连续选取多个图元时，应按住哪个键才能进行选择？（   ）

A. 鼠标右键　　　　B. 鼠标中键　　　　C. Shift　　　　D. Ctrl

二、绘图题

1.

2.

3.

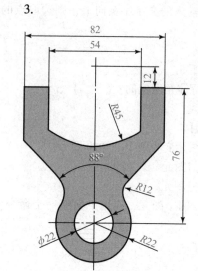

4.

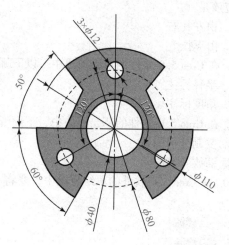

5.

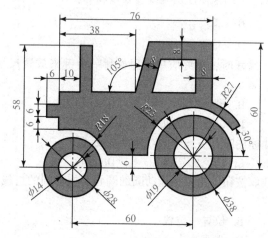

思政园地

项目三　轴承底座三维创新设计

> **项目情境：** Creo Parametric 5.0 提供了先进的三维实体建模环境，供用户以实体形式设计模型。在三维建模过程中，基础特征是一个零件的主要轮廓特征，创建什么样的特征作为零件的基础特征比较重要，一般由设计者根据产品的设计意图和零件的特点灵活掌握。基础实体特征主要包括实体类的拉伸特征、旋转特征、扫描特征、可变剖面扫描和混合特征等。在三维实体模型中经常要先创建基础特征，然后在基础特征的基础上创建其他所需的特征。

任务一　底座本体拉伸特征创建

1.1　任务描述

轴承底座是用来支撑轴承，固定轴承的外圈，仅让内圈转动，外圈不动，始终与传动的方向保持一致，且保持平衡。本次项目为轴承底座的创新设计，如图 3-1-1 所示。

图 3-1-1　底座模型

1.2　任务基础知识与实操

1.2.1　拉伸特征一般创建过程

拉伸特征是将截面草图沿着草绘平面的垂直方向拉伸而形成的，它是最基本且经常使用的零件建模工具。

Step1. 在"快速访问"工具栏中单击"新建"按钮 ，系统弹出"新建"对话框，在"类型"选项组中选择"零件"单选按钮，在"子类型"选项组中选择"实体"单选按钮，在"文件名"文本框中输入"ch3-1-dizuo",取消勾选"使用默认模板"复选框,然后单击"确定"按钮。

Step2. 系统弹出"新文件选项"对话框,从中选择"mmns_part_solid"公制模板,然后单击"确定"按钮。

1. 选取特征命令

进入 Creo 的零件设计环境后,在软件界面上方会显示图 3-1-2 所示的"模型"功能选项卡。该功能选项卡中包含 Creo 中所有的零件建模工具,特征命令的选取方法一般是单击其中的命令按钮。

图 3-1-2 "模型"功能选项卡

下面对如图 3-1-2 所示的"模型"功能选项卡中的各命令按钮区域进行简要说明。

● 操作区域:用于针对某个特征的操作,如修改编辑特征、再生特征,复制、粘贴、删除特征等。

● 获取数据区域:用于复制当前模型中的几何,使用用户自定义的特征,或从其他外部数据文件中调用特征与几何。

● 基准区域:主要用于创建各种基准特征,基准特征在建模、装配和其他工程模块中起着非常重要的辅助作用。

● 形状区域:用于创建各种实体(如凸台)、减材料实体(如在实体、上挖孔)或普通曲面,所有的形状特征都必须以二维截面草图为基础进行创建。在 Creo 5.0 软件中,同一形状的特征可以用不同方法来创建。比如同样一个圆柱形特征,既可以选择"拉伸"命令(用拉伸的方法创建),也可以选择"旋转"命令(用旋转的方法创建)。

● 工程区域:用于创建工程特征(构造特征),工程特征一般建立在现有的实体特征之上,如对某个实体的边添加"倒圆角"。当模型中没有任何实体时,该部分中的所有命令为灰色,表明它们此时不可使用。

● 编辑区域:用于对现有的实体特征、基准特征、曲面以及其他几何进行编辑,也可以创建自由形状的实体。

● 曲面区域:用于创建各种高级曲面,如边界混合曲面、造型(ISDX)曲面、基于细分曲面算法的自由式曲面等。

● 模型意图区域:主要用于表达模型设计意图、参数化设计、创建零件族表、管理发布几何和编辑设计程序等。

2. 定义拉伸类型

在功能区"模型"选项卡的"形状"面板中单击"拉伸"按钮 🔲,系统在功能区显示如图 3-1-3 所示的"拉伸"选项卡。

说明:利用拉伸工具,可以创建以下几种类型的特征。

● 实体类型:按下操控板中的"实体特征类型"按钮 🔲,可以创建实体类型的特征。在由截面草图生成实体时,实体特征的截面草图完全由材料填充,并沿草图平面的法向伸展来生成实体,如图 3-1-4 所示。

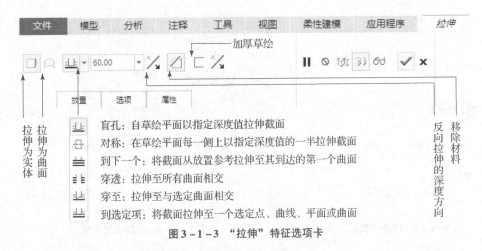

加厚草绘

文件　模型　分析　注释　工具　视图　柔性建模　应用程序　拉伸

放置　选项　属性

拉伸为实体　拉伸为曲面

盲孔：自草绘平面以指定深度值拉伸截面
对称：在草绘平面每一侧上以指定深度值的一半拉伸截面
到下一个：将截面从放置参考拉伸至其到达的第一个曲面
穿透：拉伸至所有曲面相交
穿至：拉伸至与选定曲面相交
到选定项：将截面拉伸至一个选定点、曲线、平面或曲面

反向拉伸的深度方向　移除材料的深度方向

图 3 – 1 – 3 "拉伸"特征选项卡

● 曲面类型：按下操控板中的"曲面特征类型"按钮，可以创建一个拉伸曲面。在 Creo 5.0 软件中，曲面是一种没有厚度和重量的片体几何，但通过相关命令操作可变成带厚度的实体，如图 3 – 1 – 5 所示。

● 薄壁类型：按下"薄壁特征类型"按钮，可以创建薄壁类型特征。在由截面草图生成实体时，薄壁特征的截面草图则由材料填充成均厚的环，环的内侧或外侧或中心轮廓线是截面草图，如图 3 – 1 – 6 所示。

图 3 – 1 – 4 "实体"特征　　　图 3 – 1 – 5 "曲面"特征　　　图 3 – 1 – 6 "薄壁"特征

● 切削类型：操控板中的"切削特征类型"按钮被按下时，可以创建切削特征。一般来说，创建的特征可分为"正空间"特征和"负空间"特征。"正空间"特征是指在现有零件模型上添加材料，"负空间"特征是指在现有零件模型上移除材料，即切削。

3. 定义截面草图

（1）在"拉伸"选项卡中选择"放置"选项，打开"放置"面板，如图 3 – 1 – 7 所示，接着单击该面板中的"定义"按钮，弹出"草绘"对话框。

（2）定义截面草图的放置属性，选取 FRONT 基准平面作为草绘平面，默认以 RIGHT 基准平面作为"右"方向参照，如图 3 – 1 – 8 所示，然后单击"草绘"按钮，进入草绘模式。

说明：用户也可以不用打开"拉伸"选项卡的"放置"面板，而是直接在图形窗口中选择所需的基准平面来快速定义草绘平面，例如在本例中，直接选择 FRONT 基准平面作为草绘平面，系统随即进入草绘模式。

（3）功能区出现"草绘"选项卡，在"草绘"选项卡的"设置"面板中单击"草绘视图"按钮，从而定向草绘平面使其与屏幕平行。绘制如图 3 – 1 – 9 所示的拉伸剖面，然后在"草绘"选项卡的"关闭"面板中单击"确定"按钮，退出草绘环境。

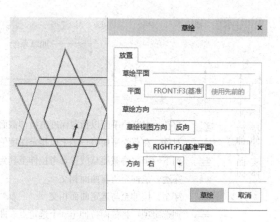

图 3-1-7　打开"放置"面板　　　　　　　图 3-1-8　选择草绘平面

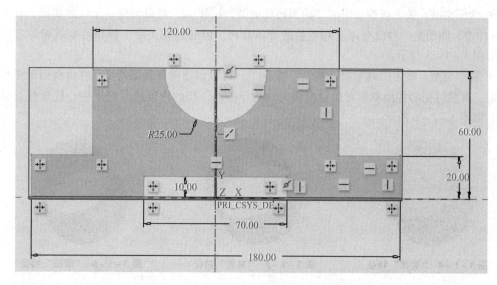

图 3-1-9　绘制拉伸剖面

注意：

● 如果系统弹出如图 3-1-10 所示的"未完成截面"错误提示，则表明截面不闭合或截面中有多余、重合的线段，此时可单击 **否(N)** 按钮，然后修改截面中的错误，完成修改后再单击按钮 ✔。

● 绘制实体拉伸特征的截面时，应该注意如下要求：

截面必须闭合，截面的任何部位不能有缺口。如图 3-1-11 (a) 所示，如果有缺口，可用"修剪"命令将缺口封闭。

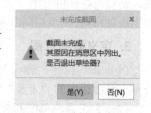

图 3-1-10　未完成截面

截面的任何部位不能探出多余的线头，如图 3-1-11 (b) 所示。对较长的多余线头，用命令修剪掉。如果线头特别短，即使足够放大也不可见，则必须用命令 | 上修剪掉。

截面可以包含一个或多个封闭环，生成特征后，外环以实体填充，内环则为孔。环与环之间不能相交或相切，如图 3-1-11 (c) 和图 3-1-11 (d) 所示；环与环之间也不能有直线（或圆弧等）相连，如图 3-1-11 (e) 所示。

曲面拉伸特征的截面可以是开放的，但截面不能有多于一个的开放环。

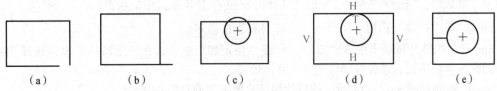

图 3 - 1 - 11 实体拉伸特征的几种错误截面

（a）有缺口；（b）有线头；（c）相交；（d）相切；（e）相连

4. 定义拉伸深度属性

（1）定义深度方向，采用模型中默认的深度方向。

说明：按住鼠标的中键且移动鼠标，可将草图旋转至如图 3 - 1 - 12 所示的状态，此时在模型中可看到一个紫色的箭头，该箭头表示特征拉伸的方向。

（2）选取深度类型并输入其深度值。在"拉伸"选项卡的深度类型选项下拉列表框中选择"对称"深度选项。

（3）定义深度值。如图 3 - 1 - 13 所示在操控板的深度文本框中输入深度值 68，并按 Enter 键。

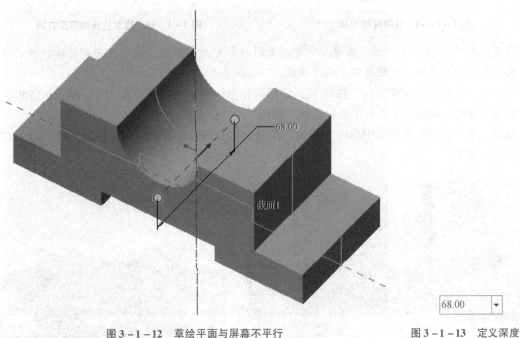

图 3 - 1 - 12 草绘平面与屏幕不平行   图 3 - 1 - 13 定义深度值

5. 完成特征创建

（1）特征的所有要素被定义完毕后，单击操控板中的"预览"按钮，预览所创建的特征，以检查各要素的定义是否正确。预览时，可按住鼠标中键进行旋转查看，如果所创建的特征不符合设计意图，可选择操控板中的相关项，重新定义。

（2）预览完成后，单击操控板中的"完成"按钮 ✔，完成特征的创建。

1.2.2 拉伸方式切除材料特征

Step1. 在功能区"模型"选项卡的"形状"面板中单击"拉伸"按钮 ◢，打开"拉伸"

选项卡。默认时，"拉伸"选项卡中的"实体"按钮 □ 处于被选中的状态。

Step2. 在"拉伸"选项卡中单击"去除材料"按钮 ⚋。

Step3. "拉伸"选项卡中的"放置"标签以特定颜色显示，在图形窗口中直接选择 TOP 基准平面作为草绘平面，系统自动快速进入草绘模式。

Step4. 绘制如图 3 – 1 – 14 所示的拉伸剖面，单击"确定"按钮 ✓。

Step5. 在"拉伸"选项卡的深度选项下拉列表框中选择"穿透"选项 ▮▮，单击"反向拉伸的深度方向"按钮 ⚋，从而将拉伸的深度方向更改为如图 3 – 1 – 15 所示方向。

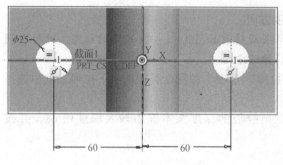

图 3 – 1 – 14　绘制拉伸剖面

图 3 – 1 – 15　设置拉伸的深度方向

说明：如图 3 – 1 – 16 所示，在模型中可以看到一个紫色的箭头，该箭头表示移除材料的方向。要想改变箭头方向，一般有以下几种方法。

①单击"反向拉伸深度方向"按钮 ⚋；②将鼠标指针移至深度方向箭头上，单击；③将鼠标指针移至深度方向箭头上，右击鼠标选择"反向"命令。

Step6. 在"拉伸"选项卡中单击"完成"按钮 ✓，完成拉伸切除操作，得到如图 3 – 1 – 17 所示的模型效果。

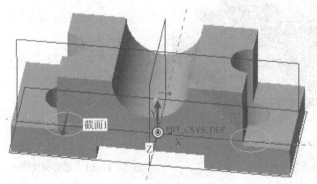

图 3 – 1 – 16　去除材料的箭头方向

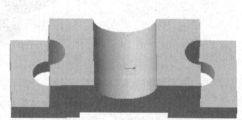

图 3 – 1 – 17　拉伸切除后的效果

1.2.3　模型的几种显示方式

在 Creo5.0 软件中，模型有六种显示方式，如图 3 – 1 – 18 所示。单击图 3 – 1 – 19 所示的视图功能选项卡模型显示区域中的"显示样式"按钮 □，在系统弹出的菜单中选择相应的显示样式，可以切换模型的显示方式。

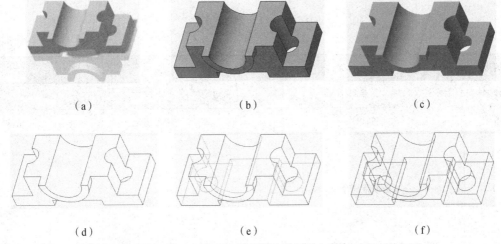

（a）　　　　　　　　　（b）　　　　　　　　　（c）

（d）　　　　　　　　　（e）　　　　　　　　　（f）

图 3 – 1 – 18　模型的六种显示方式

（a）带反射着色显示方式；（b）带边着色显示方式；（c）着色显示方式；
（d）消隐显示方式；（e）隐藏线显示方式；（f）线框显示方式

- 带反射着色显示方式：模型表面为灰色，并以反射的方式呈现另一侧，如图 3 – 1 – 18（a）所示。

- 带边着色显示方式：模型表面为灰色，部分表面有阴影感，高亮显示所有边线，如图 3 – 1 – 18（b）所示。

- 着色显示方式：模型表面为灰色，部分表面有阴影感，所有边线均不可见，如图 3 – 1 – 18（c）所示。

- 消隐显示方式：模型以线框形式显示，可见的边线显示为深颜色的实线，不可见的边线被隐藏起来（即不显示），如图 3 – 1 – 18（d）所示。

- 隐藏线显示方式：模型以线框形式显示，可见的边线显示为深颜色的实线，不可见的边线显示为虚线（在软件中显示为灰色的实线），如图 3 – 1 – 18（e）所示。

- 线框显示方式：模型以线框形式显示，模型所有的边线显示为深颜色的实线，如图 3 – 1 – 18（f）所示。

	带反射着色	Ctrl+1
	带边着色	Ctrl+2
	着色	Ctrl+3
	消隐	Ctrl+4
	隐藏线	Ctrl+5
	线框	Ctrl+6

图 3 – 1 – 19　"显示样式"按钮

1.2.4　模型的移动、旋转与缩放

用鼠标可以控制图形区中的模型显示状态。

- 滚动鼠标中键滚轮，可以缩放模型：向前滚，模型缩小；向后滚，模型变大。

- 按住鼠标中键，移动鼠标，可旋转模型。

- 先按住键盘上的 Shift 键，然后按住鼠标中键，移动鼠标可移动模型。

注意：采用以上方法对模型进行缩放和移动操作时，只是改变模型的显示状态，而不能改变模型的真实大小和位置。

拉伸特征

1.3 任务笔记

编号	3－1	任务名称		拉伸特征		日期	
姓名		学号		班级		评分	
序号		知识点		学习笔记			备注
1		选取特征命令					
2		定义拉伸类型					
3		定义截面草图					
4		定义拉伸深度属性					
5		拉伸方式切除材料特征					
6		模型显示方式及状态					

1.4 任务训练

编号	3-1	任务名称	拉伸特征		日期	
姓名		学号		班级	评分	

训练内容	题目：按照如图所示尺寸标注，完成该拉伸特征的创建。 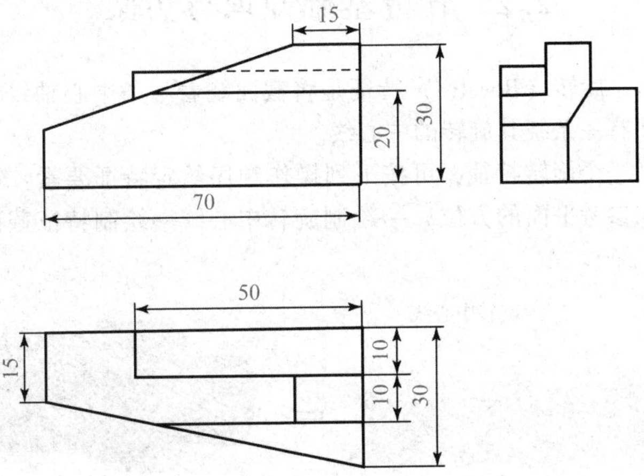 
实施过程	
其他创新设计方法	
自我评价	
小结	

2.1　任务描述

2.2　任务基础知识与实操

如图 3 - 2 - 1 所示，旋转（Revolve）特征是将截面绕着一条中心轴线旋转而形成的形状特征。注意旋转特征必须有一条绕其旋转的中心线。

要创建或重新定义一个旋转特征，可按下列操作顺序给定特征要素：定义特征属性（包括草绘平面、参考平面和参考平面的方位）→绘制旋转中心线→绘制特征截面→确定旋转方向→输入旋转角。

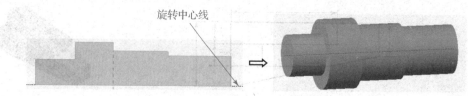

旋转中心线

图 3 - 2 - 1　创建旋转特征示意图

注意：这里介绍一下定义旋转截面的规则

- 必须只在旋转轴的一侧草绘几何图形。
- 可以使用开放或闭合截面创建旋转曲面。
- 如果在旋转截面中绘制了多条几何中心线，那么系统默认将绘制的第一条满足要求的几何中心线作为旋转轴。若要更改默认的旋转轴，则在截面中先选择要定义旋转轴的一条中心线（所选的中心线既可以是几何中心线，也可以是构造中心线），接着在功能区的"草绘"选项卡中单击"设置"按钮，选择"特征工具"中的"指定旋转轴"命令，如图 3 - 2 - 1 所示，从而将选定的该中心线指定为旋转轴。

创建旋转特征的一般过程

下面继续以轴承底座零件为例，通过旋转实体特征的方式来创建支撑座。

Step1. 在 Creo 5.0 软件中打开配套的文件"ch3 - 1 - dizuo"，如图 3 - 2 - 2 所示。

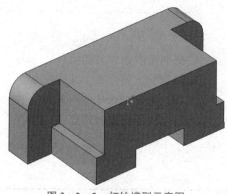

图 3 - 2 - 2　初始模型示意图

Step2. 在功能区"模型"选项卡的"形状"面板中单击"旋转"按钮 ，系统弹出如图 3 – 2 – 3 所示的操控板。

图 3 – 2 – 3   "旋转"特征操控板

Step3. 系统默认为"实体类型"，在操控板中单击"放置"按钮，然后在弹出的界面中单击"定义"按钮，系统弹出"草绘"对话框。

Step4. 定义截面草图的放置属性。选取 RIGHT 基准平面为草绘平面，系统默认 TOP 基准平面为参考平面，方向为左；单击对话框中的"草绘"按钮。

Step5. 系统进入草绘环境后，在"草绘"选项卡的"基准"面板中单击"中心线"按钮来添加一条水平的几何中心线作为旋转轴，接着绘制如图 3 – 2 – 4 所示的旋转截面草图。

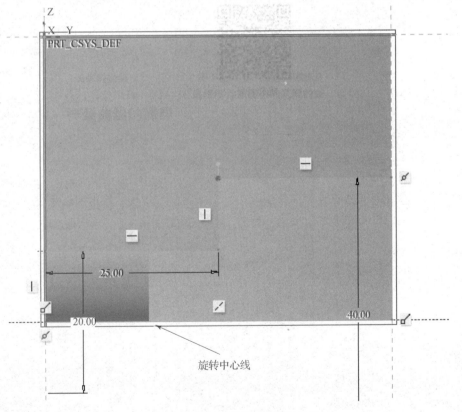

图 3 – 2 – 4   绘制旋转截面

旋转特征截面草绘的规则：

● 旋转截面必须有一条几何中心线，围绕几何中心线旋转的草图只能绘制在该几何中心线的一侧。

● 若草绘中使用的几何中心线多于一条，Creo 5.0 软件将自动选取草绘的第一条几何中心线作为旋转轴，除非另外选取。

● 实体特征的截面必须是封闭的，而曲面特征的截面则可以不封闭。

Step6. 默认时，"变量"图标选项 ⊥ 处于被选中的状态，从草绘平面开始以 360° 旋转，单击"完成"按钮 ✔，完成创建的旋转实体特征如图 3 - 2 - 5 所示。

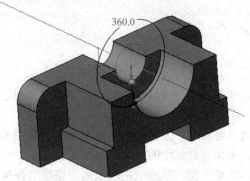

图 3 - 2 - 5　创建的底座旋转实体特征

旋转特征

2.3 任务笔记

编号	3-2	任务名称		旋转特征		日期	
姓名		学号		班级		评分	
序号		知识点		学习笔记			备注
1		创建旋转实体特征					
2		定义截面草图					
3		旋转轴绘制					
4		旋转变量设置					
5		旋转的方式切除材料					

2.4 任务训练

编号	3－2	任务名称	旋转特征		日期	
姓名		学号		班级	评分	

训练内容	题目：按照如图所示尺寸标注，完成该旋转特征的创建。 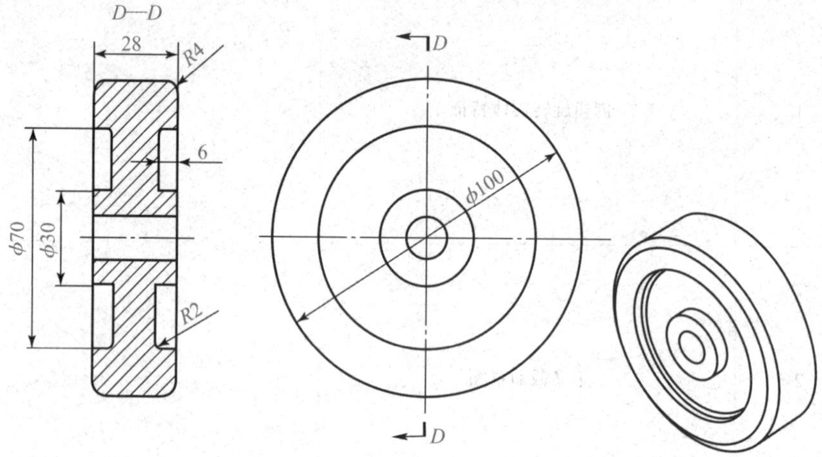
实施过程	
其他创新设计方法	
自我评价	
小结	

3.1　任务描述

本次任务主要学习"孔"特征的创建，包括"简单孔""标准孔""草绘孔"。同时利用简单孔命令绘制底座的孔特征。

3.2　任务基础知识与实操

Creo 5.0 软件提供的工程特征是在已有特征基础上创建的特征，主要包括孔、倒圆角、倒角、拔模、抽壳、筋等特征，这些功能按钮主要显示在模型选项卡下的"工程"命令群组中，如图 3 - 3 - 1 所示。如果没有创建基础特征，工程特征的按钮是灰色的。

图 3 - 3 - 1　"工程"命令群组

利用孔特征可以创建以下类型的孔：

（1）创建"简单孔"，主要类型包括预定义矩形轮廓、标准孔轮廓、草绘轮廓，如图 3 - 3 - 2 所示。

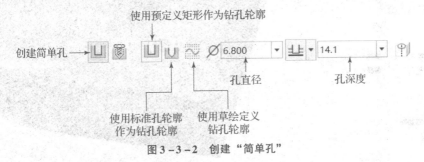

图 3 - 3 - 2　创建"简单孔"

（2）创建"标准孔"。"标准孔"是基于工业标准紧固件表的拉伸切口组成。Creo 5.0 软件提供选取的紧固件的工业标准孔图表以及螺纹或间隙直径，读者也可以自己创建孔表图。

注意：孔特性与切口特征相比较，孔特征需要通过放置参考和设置放置类型来创建，而且除"草绘孔"以外，孔特征不需要草绘轮廓。

3.2.1 孔的放置

创建孔特征需要定义"放置"参考，并利用"偏移参考"来约束相对于所选参考的位置，如图3-3-3所示。主放置参考用于在模型中放置孔，偏移参考用于约束孔在所选放置参考上的位置。

在模型中选择了放置参考后，系统会自动设置放置类型，单击面板上的"类型"选择列表框，可定义放置类型，如图3-3-3所示，孔的放置类型有5种，分别是"线性""径向""直径""同轴"和"点上"。

图3-3-3 放置参考

（1）线性。使用两个线性尺寸约束孔在主放置参考上位置，如图3-3-4所示。

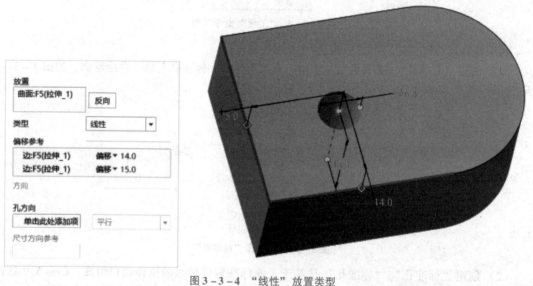

图3-3-4 "线性"放置类型

（2）径向。使用一个线性尺寸和一个角度尺寸来放置孔，如图3-3-5所示，偏移参考为平面和轴，偏移值分别是孔中心轴和参考平面形成的角度尺寸、孔中心轴与参考轴线间的线性尺寸（以半径形式给出）。

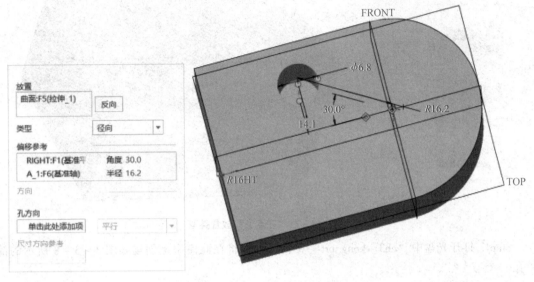

图 3 – 3 – 5 "径向" 放置类型

注意："径向"类型的偏移参考需要一条基准轴，而且基准轴必须与主参考平面垂直。

（3）直径。使用方法与"径向"类似，使用线性尺寸和角度尺寸来创建孔，其中孔特征轴与参考轴之间的距离以"直径"形式标出。

（4）同轴。将孔放置在轴与曲面的交点处，主放置参考为轴与曲面，这里的轴与曲面不一定垂直，如图 3 – 3 – 6 所示。

注意：类型为"同轴"选择主参考时，需要按住 Ctrl 键选择参考。

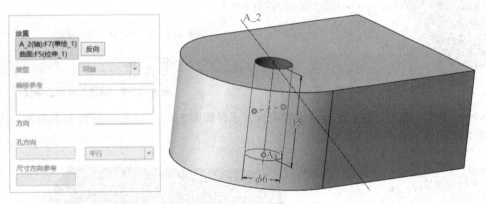

图 3 – 3 – 6 "同轴" 放置类型

（5）在点上。将孔的中心起始点与基准点对齐，并放置在主参考的平面上，如图 3 – 3 – 7 所示。

3.2.2 创建简单孔

创建简单孔时，可以使用预定义矩形作为钻孔轮廓，标准孔轮廓作为钻孔轮廓，草绘轮廓作为钻孔轮廓，下面通过实例来说明简单孔的创建方法，实例如图 3 – 3 – 8 所示。

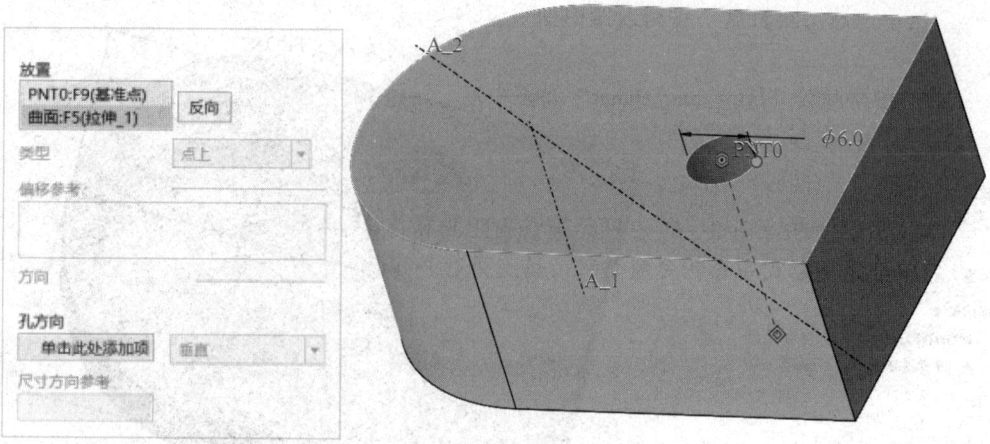

图 3-3-7 “在点上”放置类型

Step1. 打开光盘中“ch3-kong. prt”文件，本例将在此模型上创建如图 3-3-8 所示的简单孔。

Step2. 单击“模型”选项卡下的“工程”命令群组中的 “孔”命令按钮，打开“孔”操作面板。

Step3. 系统默认情况下的按钮状态，符合我们创建第一个直孔的要求，所以我们直接设置孔的直径为 6，深度为通孔，如图 3-3-9 所示。

注意：“深度选项”下拉列表中的选项用法可以参考拉伸特征中类似用法。

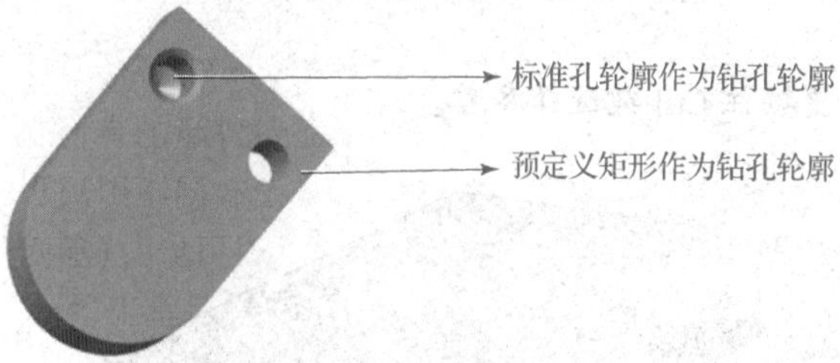

图 3-3-8 创建简单孔

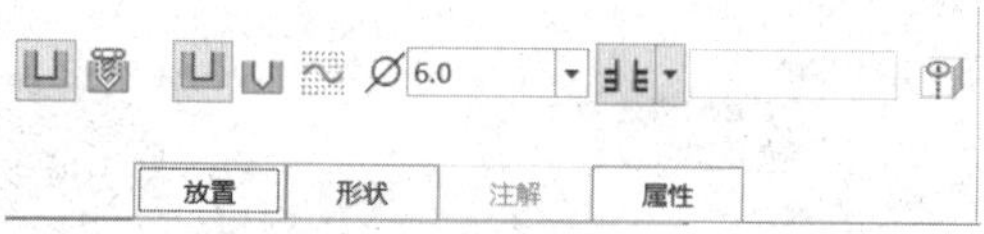

图 3-3-9 设置孔半径、深度

Step4. 单击“放置”按钮，打开放置面板，选择如图 3-3-10 所示的面为主参考，选择参考类型为“线性”。

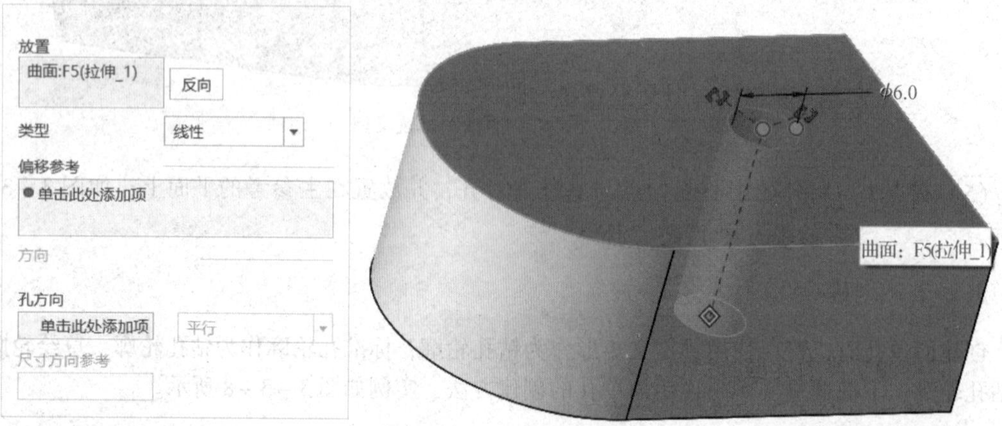

图 3-3-10 放置主参考

Step5. 单击"偏移参考"下的 单击此处添加项 开始添加偏移参考，选择如图3－3－11所示的两边，并设置偏移值。

注意：单击 ●单击此处添加项 后才能选择偏移参考，偏移参考需要按住 Ctrl 来进行选取，偏移值既可以在放置面板上设置，也可以双击图柄上的偏移值进行修改。

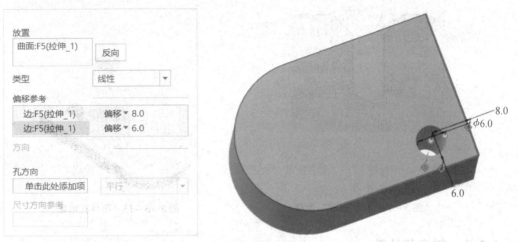

图 3－3－11　偏移参考设置

Step6. 单击 ∞ 按钮，检查确认后单击 ✓ 按钮，完成第一个简单孔创建。

Step7. 单击 📶 "孔"命令按钮，打开"孔"操作面板，单击 ⑪ "创建简单孔" － ⑪ "标准孔轮廓作为钻孔轮廓" － ⋈ "添加沉头孔"，如图3－3－12所示。

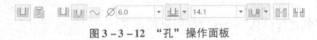

图 3－3－12　"孔"操作面板

Step8. 单击"放置"按钮，打开放置面板，选择 Step4 相同的主参考，选择参考类型为"线性"。单击"偏移参考"下的 ●单击此处添加项 开始添加偏移参考，选择如图3－3－13所示的两边，并设置偏移值。

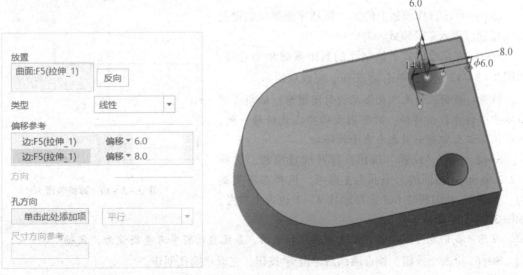

图 3－3－13　偏移参考设置

Step9. 单击"形状"按钮,打开"形状"面板,修改"钻孔肩部深度"为14,"沉头孔直径"为8,如图 3 - 3 - 14 所示。

Step10. 单击∞按钮,检查确认后单击✔按钮,完成第二个简单孔创建,如图 3 - 3 - 15 所示。

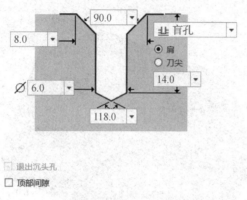

图 3 - 3 - 14 "形状"面板

图 3 - 3 - 15 简单孔创建

3. 2. 3 创建草绘孔

创建草绘孔需要进入草绘环境绘制新的孔轮廓截面或选择已有的草绘轮廓,具体步骤如下。

Step1. 打开光盘中"ch3 - kong. prt"文件,单击"模型"选项卡下的"工程"命令群组中的 🗍 "孔"命令按钮,打开"孔"操作面板。

Step2. 单击⊔"创建简单孔"-〰"使用草绘定义钻孔轮廓",如图 3 - 3 - 16 所示。

图 3 - 3 - 16 创建草绘孔面板

Step3. 单击操作面板上的〰"激活草绘器以创建截面"按钮,进入草绘模式。

Step4. 在草绘模式下绘制孔的封闭截面和中心线,如图 3 - 3 - 17 所示,单击✔按钮,完成草绘。

注意:截面应为无相交图元的封闭图形;必须绘制基准中心线作为旋转轴;所有图元必须在旋转轴一侧,同时须保证至少有一图元垂直于旋转轴。

Step5. 单击"放置"按钮,打开放置面板,选择3.2.2中 Step4 相同的上平面为主参考,选择参考类型为"同轴",此时按住 Ctrl 选择轴线 A - 1 也为主参考,如图 3 - 3 - 18 所示。

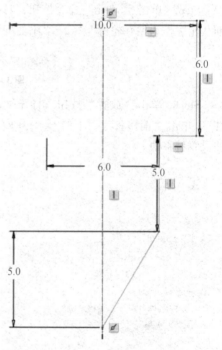

图 3 - 3 - 17 草绘截面

注意:我们也可以按住 Ctrl 选择轴线和平面,系统自动将参考类型设为"同轴"。

Step6. 单击∞按钮,检查确认后单击✔按钮,完成草绘孔创建。

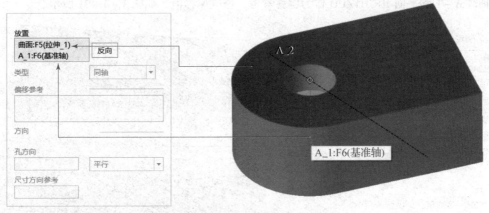

图 3 – 3 – 18　放置主参考

3.2.4　创建标准孔

标准孔是采用工业标准的螺纹数据等参数来创建孔特征，应用十分广泛。Creo 5.0 软件系统中创建工业标准孔默认采用 ISO 标准，也可以调整为 UNC 和 UNF 标准。下面通过实例介绍创建标准孔的方法。

Step1. 打开光盘中"ch3 – kong. prt"文件，单击"模型"选项卡下的"工程"命令群组中的 🔲 "孔"命令按钮，打开"孔"操作面板。

Step2. 单击 🗃 "创建标准孔"– 🖉 "添加攻丝"按钮，选择"ISO"标准，🕎 "螺钉尺寸"选择为 M6 × 0.5，单击 ⊔ "添加沉孔"，如图 3 – 3 – 19 所示。

| ⊔ | 🗃 | 🖉 | 💹 | 💹 ISO | ▼ | 🕎 M6x.5 | ▼ | ⊔ 16.5 | ▼ | ⊔ | 💹 | ⊔ |

图 3 – 3 – 19　创建标准孔面板

Step3. 单击"形状"按钮，打开形状面板，修改"沉孔深度"为 6，"沉孔直径"为 11，如图 3 – 3 – 20 所示。

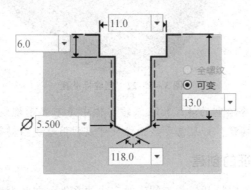

☑ 包括螺纹曲面
☐ 退出沉头孔
☐ 顶部间隙

图 3 – 3 – 20　"形状"面板

Step4. 单击"放置"按钮，打开放置面板，选择 3.2.2 中 Step4 相同的上平面为主参考，选择参考类型为"径向"。单击"偏移参考"下的 ●单击此处添加项 开始添加偏移参考，此时按住 Ctrl

选择轴线 A－1 和平面 RIGHTZUO 作为偏移参考，修改偏移值，如图 3－3－21 所示。

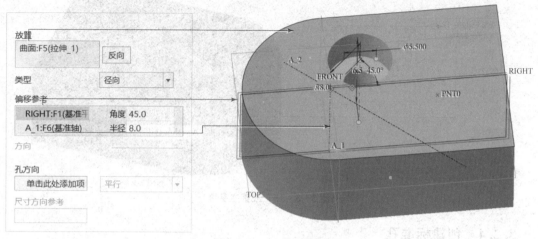

图 3－3－21　放置参考

Step5. 单击∞按钮，检查确认后单击✔按钮，完成标准孔创建，如图 3－3－22 所示。

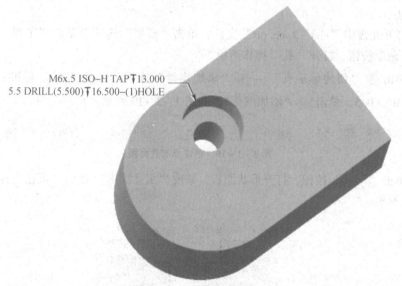

图 3－3－22　创建标准孔

注意：利用"孔"命令绘制的螺纹孔在三维实体中是不显示螺纹的，如图 3－3－21 所示，但在工程图环境中会显示螺纹，如果需要显示螺纹可以利用螺旋扫描等其他命令来完成。

3.2.5　底座孔特征的创建

Step1. 在 Creo 5.0 软件中打开任务二创建的完成的文件，在此模型上创建两个简单孔。

Step2. 单击"模型"选项卡下的"工程"命令群组中的"孔"命令按钮，打开"孔"操作面板。

Step3. 在系统默认情况下的按钮状态，设置孔的直径为 10，深度为"钻孔至与所有曲面相交"，放置选择需要创建孔的表面，如图 3－3－23 所示，偏移参考选择放置表面上的两条边，偏移距离都为 10，创建底座上的第一个孔。

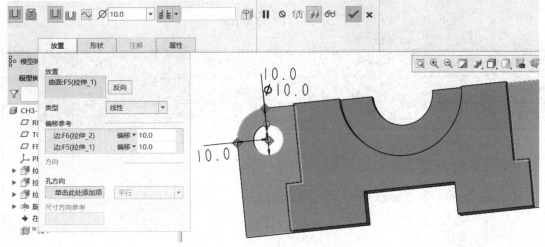

图 3 - 3 - 23　底座孔特征的创建

Step4. 底座上另一个孔的创建过程同第一个孔的创建过程，最终创建好的底座孔特征如图 3 - 3 - 24 所示。

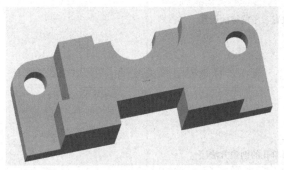

图 3 - 3 - 24　底座孔特征

孔特征的创建

3.3 任务训练

编号	3-3	任务名称	孔特征的创建		日期	
姓名		学号		班级	评分	
序号		知识点		学习笔记		备注
1		孔的放置类型				
2		孔放置参考偏移的设置				
3		简单孔的创建方法				
4		草绘孔的创建方法				
5		标准孔的创建方法				

3.4 任务笔记

编号	3－3	任务名称	孔特征的创建		日期	
姓名		学号		班级	评分	

训练内容	题目：按图示尺寸要求，绘制三维图形 内容与要求： 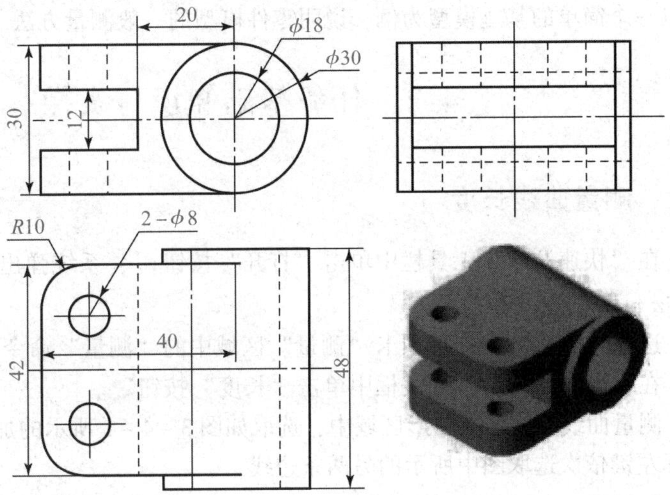 20 φ18 φ30 30 12 R10 2－φ8 42 40 48
实施过程	
其他创新 设计方法	
自我评价	
小结	

4.1　任务描述

零件模型的测量与分析包括空间点、线、面间距离和角度的测量，曲线长度的测量，面积的测量，模型的质量属性分析等，这些测量和分析功能在产品设计中经常用到。

下面以一个简单的基座模型为例，说明零件模型的一般测量方法。

4.2　任务基础知识与实操

4.2.1　测量曲线长度

Step1. 在"快速访问"工具栏中单击"打开"按钮 ，系统弹出"文件打开"对话框，选择"ch4 – jz. prt"配套文件打开。

Step2. 选择"分析"功能选项卡"测量"区域中的"测量"命令按钮 。

Step3. 在弹出的"测量"列表框中单击"长度"按钮 。

Step4. 测量曲线长度，在图形区域中，选取如图 3 – 4 – 1 所示的加亮边线 F8，再按住 Ctrl 键不放，鼠标左键依次选取图中所示的另两条边线。

Step5. 如图 3 – 4 – 1 所示，系统会自动显示所选总曲线的长度信息，在图形区域中点击 ，可展开测量面板查看各边线详细的测量结果。

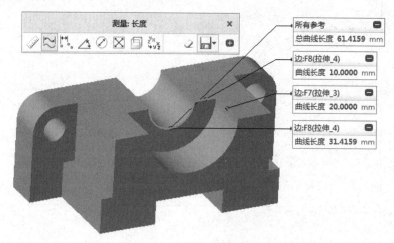

图 3 – 4 – 1　测量模型边线长度

4.2.2　测量距离

Step1. 本节还是以"ch3 – 1 – dizuo2. part"零件为例。

Step2. 选择"分析"功能选项卡"测量"区域中的"测量"命令按钮 。

Step3. 在弹出的"测量"列表框中单击"距离"按钮 。

Step4. 测量面与面距离：在图形区域中，选取如图 3 – 4 – 2 所示的加亮曲面，再按住 Ctrl 键不放，鼠标左键选取图 3 - 4 - 2 所示的另一加亮曲面。系统会自动显示所选两曲面间的垂直距离，在图形区域中点击 ⊕，可展开测量面板查看详细的测量结果。

Step5. 测量点与面距离：操作方式类似 Step4，如图 3 - 4 - 3 所示按住 Ctrl 键依次选取所需测量的两个参考。

图 3 - 4 - 2　测量面与面距离

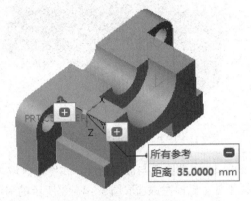

图 3 - 4 - 3　测量点与面距离

Step6. 测量点与线距离：操作方式类似 Step4，如图 3 - 4 - 4 所示按住 Ctrl 键依次选取所需测量的两个参考。

Step7. 测量线与线距离：操作方式类似 Step4，如图 3 - 4 - 5 所示按住 Ctrl 键依次选取所需测量的两个参考。

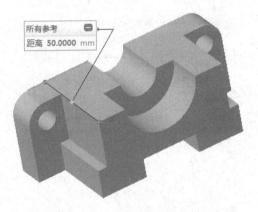

图 3 - 4 - 4　测量点与线距离

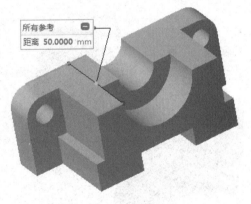

图 3 - 4 - 5　测量线与线距离

Step8. 测量点与点距离：操作方式类似 Step4，如图 3 - 4 - 6 所示按住 Ctrl 键依次选取所需测量的两个参考。

Step9. 测量点与坐标系距离：操作方式类似 Step4，如图 3 - 4 - 7 所示按住 Ctrl 键依次选取所需测量的两个参考。

4.2.3　测量角度

Step1. 本节还是以"ch4 - jz. prt"零件为例。

Step2. 选择"分析"功能选项卡"测量"区域中的"测量"命令按钮 📏。

Step3. 在弹出的"测量"列表框中单击"角度"按钮 📐。

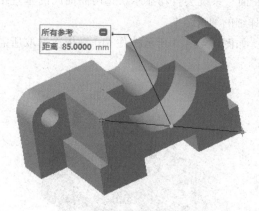

图 3 - 4 - 6　测量点与点距离

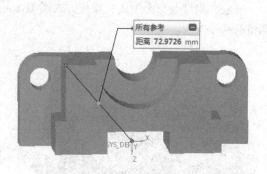

图 3 - 4 - 7　测量点与坐标系距离

Step4. 测量面与面间角度：在图形区域中，选取如图 3 - 4 - 8 所示的加亮曲面，再按住 Ctrl 键不放，鼠标左键选取图 3 - 4 - 8 所示的另一加亮曲面。系统会自动显示所选两曲面间的角度值，如图 3 - 4 - 9 所示，在图形区域中点击 ⊕，可展开测量面板查看详细的测量结果。

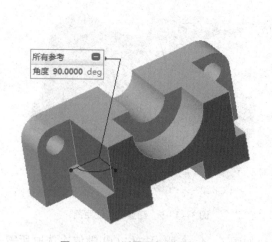

图 3 - 4 - 8　测量面与面间角度

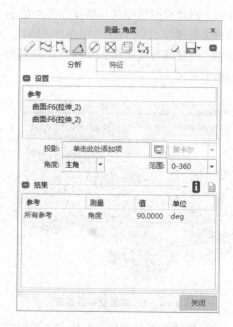

图 3 - 4 - 9　测量"角度"对话框

Step5. 测量线与面间角度：在图形区域中，选取如图 3 - 4 - 10 所示的加亮曲线，再按住 Ctrl 键不放，鼠标左键选取图 3 - 4 - 10 所示的另一加亮曲面。系统会自动显示所选曲线与面之间的角度值。

Step6. 测量线与线间角度：在图形区域中，选取如图 3 - 4 - 11 所示的加亮曲线，再按住 Ctrl 键不放，鼠标左键选取图 3 - 4 - 11 所示的另一加亮曲线。系统会自动显示所选两曲线之间的角度值。

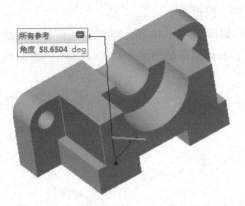

图 3 - 4 - 10　测量线与面间角度

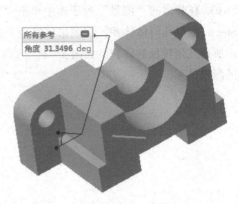

图 3 - 4 - 11　测量线与线间角度

4.2.4　测量面积

Step1. 本节还是以"ch4 - jz. prt"零件为例。

Step2. 选择"分析"功能选项卡"测量"区域中的"测量"命令按钮📏。

Step3. 在弹出的"测量"列表框中单击"面积"按钮⊠。

Step4. 测量曲面的面积：在图形区域中，选取如图 3 - 4 - 12 所示的加亮曲面，系统会自动显示所选曲面的面积。如图 3 - 4 - 13 所示，在图形区域中点击 ⊕ ，可展开测量面板查看详细的测量结果。

图 3 - 4 - 12　测量曲面的面积

图 3 - 4 - 13　测量"面积"对话框

4.2.5　测量体积

Step1. 本节还是以"ch4 - jz. prt"零件为例。

Step2. 选择"分析"功能选项卡"测量"区域中的"测量"命令按钮📏。

Step3. 在弹出的"测量"列表框中单击"体积"按钮 ▣。

Step4. 测量几何体体积：在图形区域中，选取如图 3 – 4 – 14 所示的加亮几何体，系统会自动显示所选几何特征的体积。如图 3 – 4 – 15 所示，在图形区域中点击 ⊞，可展开测量面板查看详细的测量结果。

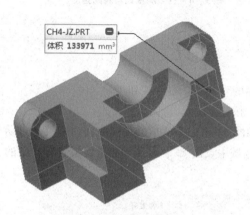

图 3 – 4 – 14　测量体积

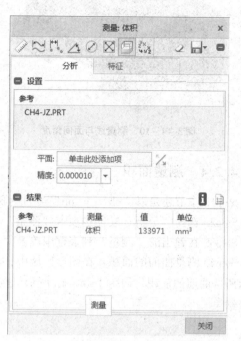

图 3 – 4 – 15　测量"体积"对话框

4.3 任务笔记

编号	3-4	任务名称	零件模型的测量与分析		日期	
姓名		学号		班级	评分	
序号	知识点		学习笔记			备注
1	测量曲线长度					
2	测量距离					
3	测量角度					
4	测量面积					
5	测量体积					

4.4　任务训练

编号	3－4	任务名称	零件模型的测量与分析		日期	
姓名		学号		班级	评分	

| 训练内容 | 题目：新建一个"公制"的零件文件，按图示在草图中绘制几何截面轮廓，完成后拉伸截面轮廓 10 mm。请问这个零件的体积是多少（mm³）？表面积是多少（mm²）？

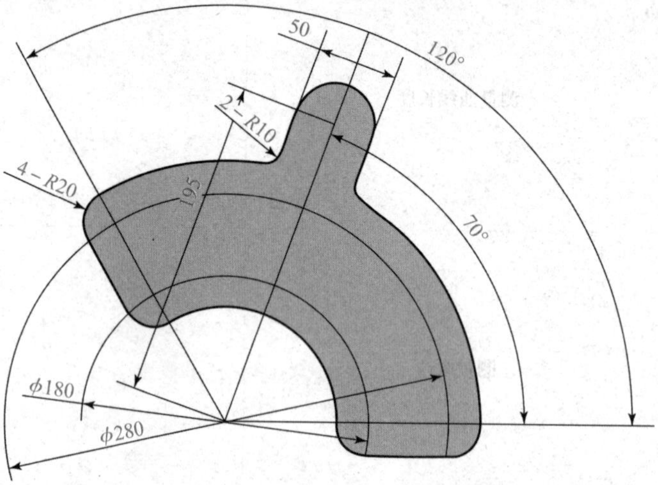

|
|:---:|---|
| 实施过程 | |
| 其他创新设计方法 | |
| 自我评价 | |
| 小结 | |

工程训练

根据图示尺寸绘制三维图形。

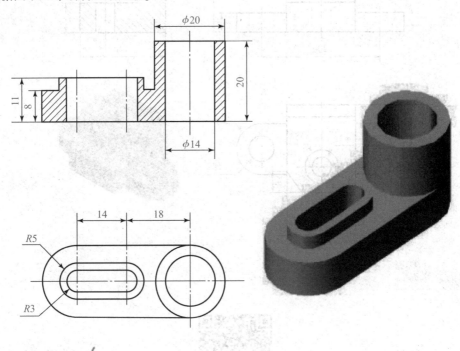

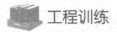 学习成果测验

根据图示尺寸绘制三维图形。

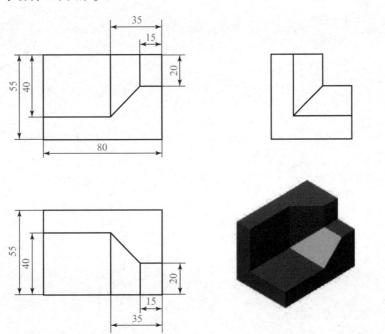

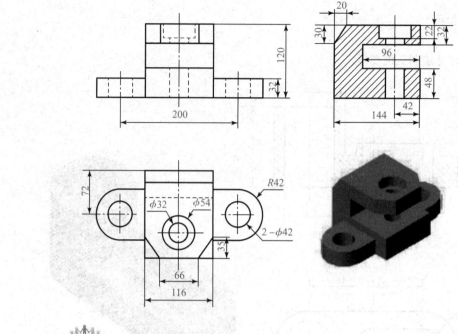

思政园地

项目四 奖杯三维创新设计

> **项目情境**：本项目的奖杯采用方形，并加有两耳，模型如下图所示。奖杯设计主要采用了拉伸，混合、扫描和倒圆角等特征。

任务一 奖杯本体设计

1.1 任务描述

一个混合（Blend）特征至少由一系列的平面截面（至少两个平面截面）形成，其构建思路是将这些平面截面的边界处用过渡曲面连接形成一个连续特征。较为常见的混合特征是平行混合特征，其所有混合截面都位于截面草绘的多个平行平面上。如图 4-1-1 所示的混合特征是由三个平行截面混合而成。

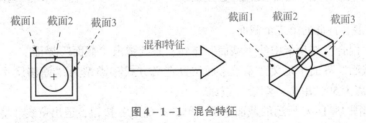

图 4-1-1　混合特征

1.2 任务基础知识与实操

1.2.1 创建混合特征的一般过程

下面以图 4-1-2 所示的混合特征为例，说明创建混合特征的一般操作步骤。

Step1. 单击"模型"功能选项卡中的"形状"按钮，在系统弹出的菜单中选择 ⏳ 混合 命令，系统弹出如图 4-1-3 所示的"混合"功能选项卡。

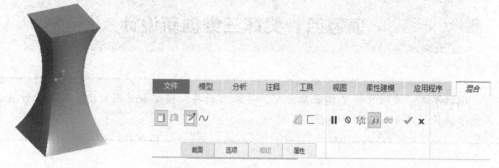

图 4-1-2　平行混合特征

图 4-1-3　"混合"功能选项卡

Step2. 定义混合类型。在选项卡中确认"混合为实体"按钮 ☐ 和"与草绘截面混合"按钮 ✐ 被按下。

Step3. 创建混合特征的第一个截面。

（1）单击"混合"选项卡中的"截面"按钮，在系统弹出的"截面"界面中选中"草绘截面"单选项，如图 4-1-4 所示，再单击"定义"按钮。

（2）选取 TOP 基准平面为草绘平面，RIGHT 基准平面为参考平面，方向为右；单击"草绘"按钮，绘制如图 4-1-5 所示的截面草图。

（3）绘制完成后单击"确定"按钮 ✔，退出草绘环境。

图 4-1-4　在"截面"面板中进行操作

图 4-1-5　绘制的第一个截面

Step4. 创建混合特征的第二个截面。

（1）单击"混合"选项卡中的"截面"按钮，系统弹出"截面"界面。

（2）在"截面"界面中定义"草绘平面位置定义方式"类型为"偏移尺寸"，偏移自"截面1"的偏移距离为 50，单击"草绘"按钮。

（3）绘制如图 4-1-6 所示的截面草图。单击"确定"按钮，退出草绘环境。

Step5. 将第二个截面切分成四个图元。

注意：在创建混合特征的多个截面时，Creo 5.0 软件要求各个截面的图元数（或顶点数）相同（当第一个截面或最后一个截面为一个单独的点时，不受此限制）。在本例中，前一个截面是长方形，它有四条直线（即四个图元），而第二个截面为一个圆，只是一个图元，没有顶点。所以这一步要做的是将第二个截面（圆）变成四个图元。

（1）如图 4-1-7 所示单击"草绘"功能选项卡"编辑"区域中的"分割"按钮。

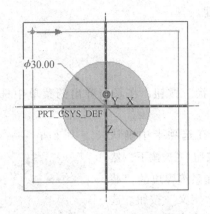

图 4-1-6　绘制的第二个截面

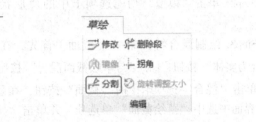

图 4-1-7　分割按钮

（2）分别在如图 4-1-8 所示的四个位置选择四个点。

（3）绘制两条中心线，对四个点进行对称约束，修改、调整第一个点的尺寸。

Step6. 创建混合特征的第三个截面。

（1）单击"混合"选项卡中的"截面"按钮，系统弹出"截面"界面。

（2）单击界面中的"插入"按钮，定义"草绘平面位置定义方式"类型为"偏移尺寸"，偏移自"截面 2"的偏移距离为 40，单击"草绘"按钮。

（3）绘制如图 4-1-9 所示的截面草图。单击"确定"按钮，退出草绘环境。

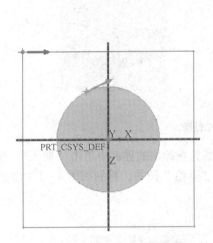

图 4-1-8　定义截面起点

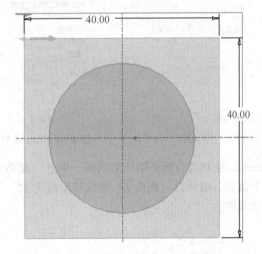

图 4-1-9　绘制的第三个截面

（4）在"混合"选项卡的"选项"按钮"混合曲面"区域选中"直"选项，如图 4-1-10 所示。

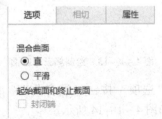

图 4-1-10　混合曲面选项为"直"

（5）单击"确定" ✔按钮，完成特征的创建。

1.2.2　奖杯主体混合特征

Step1. 新建零件"jiangbei. prt"文件。

Step2. 单击"模型"功能选项卡中的"形状"按钮，在系统弹出的菜单中选择 ⨀ 混合 命令。

Step3. 绘制混合特征第一个截面。首先，在选项卡中确认 "混合为实体"按钮口和"与草绘截面混合"按钮✎被按下，然后，单击"混合"选项卡中的"截面"按钮，在系统弹出的"截面"界面中选中"草绘截面"单选项，并单击"定义"按钮。选取 TOP 基准平面为草绘平面，RIGHT 基准平面为参考平面，方向为右；单击"草绘"按钮，绘制如图 4 - 1 - 11 所示的截面草图。

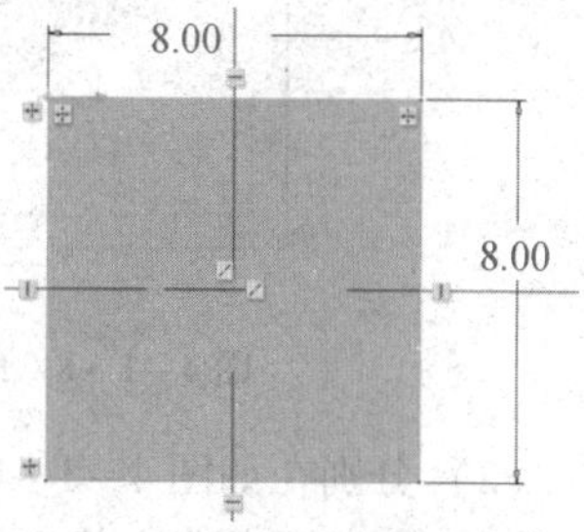

Step4. 绘制混合特征第二个截面。单击"截面"按钮，在 "截面"界面中定义"草绘平面位置定义方式"类型为"偏移尺寸"，偏移自"截面 1"的偏移距离为 15，单击"草绘"按钮，绘制如图 4 - 1 - 12 所示的截面草图。

图 4 - 1 - 11　截面草图

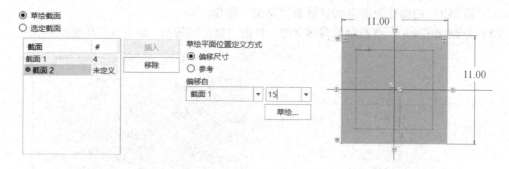

图 4 - 1 - 12　绘制第二个截面

Step5. 绘制混合特征第三个截面。单击"截面"按钮，在弹出的界面中单击"插入"，插入第三个截面，偏移自"截面 2"的偏移距离为 15，单击"草绘"按钮，绘制如图 4 - 1 - 13 所示的截面草图。

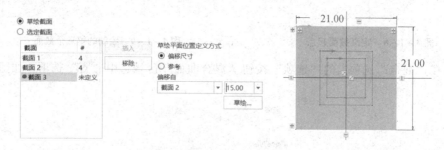

图 4 - 1 - 13　绘制第三个截面

Step6. 在"混合"选项卡的"选项"按钮"混合曲面"区域选中"直"选项。单击"确定" ✔按钮，完成特征的创建，如图 4 - 1 - 14 所示。

图 4 – 1 – 14 "混合"特征创建

1.3 任务笔记

编号	4－1	任务名称		混合特征		日期	
姓名		学号		班级		评分	
序号		知识点		学习笔记			备注
1		混合特征的定义					
2		混合特征的一般创建过程					
3		混合特征的截面绘制					
4		混合特征草绘平面的定义					

1.4 任务训练

编号	4－1	任务名称	创建混合特征		日期	
姓名		学号		班级	评分	

训练内容	题目：按照如图所示尺寸标注，完成该特征的创建。 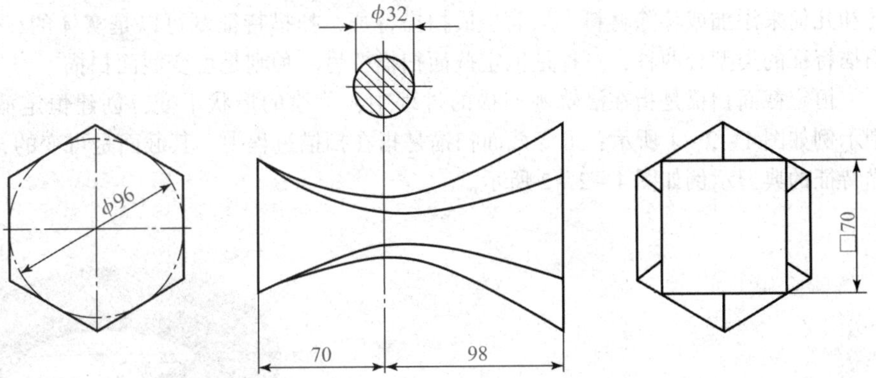 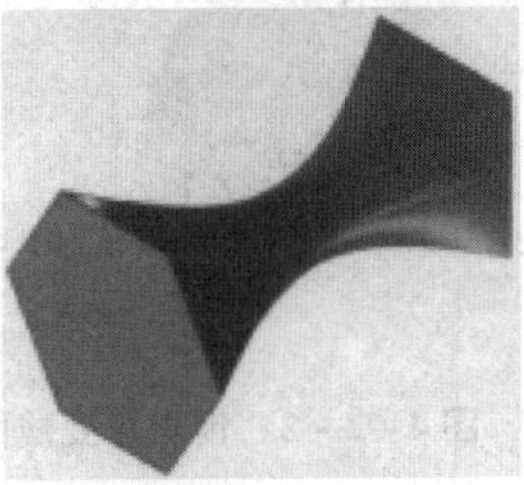 $\phi32$　$\phi96$　70　98　□70
实施过程	
其他创新 设计方法	
自我评价	
小结	

2.1　任务描述

在 Creo5.0 软件中，可以在沿着一个或多个选定轨迹扫描截面时，通过控制截面的方向、旋转和几何来添加或移除材料，从而生成扫描特征，扫描特征既可以是实体的，也可以是曲面的。扫描特征的类型分两种，一种是恒定截面扫描，另一种则是可变截面扫描。

恒定截面扫描是指在沿轨迹扫描的过程中，草绘的形状不变，创建恒定截面扫描特征的典型示例如图 4-2-1 所示；可变截面扫描是指在扫描过程中，其截面是可变的，创建可变截面扫描特征的典型示例如图 4-2-2 所示。

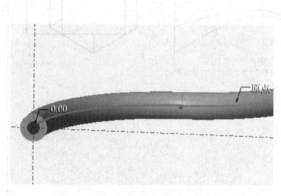

图 4-2-1　创建恒定截面扫描特征

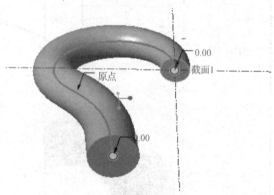

图 4-2-2　创建可变截面扫描特征

2.2　任务基础知识与实操

2.2.1　创建扫描特征的一般过程

下面通过几个典型范例，说明创建扫描实体特征的典型方法及步骤。

典型范例 1——创建弯管

Step1. 在"快速访问"工具栏中单击"新建"按钮 ，系统弹出"新建"对话框，在"类型"选项组中选择"零件"单选按钮，在"子类型"选项组中选择"实体"单选按钮，在"文件名"文本框中输入"ch3-wg"，取消勾选"使用默认模板"复选框，然后单击"确定"按钮。

Step2. 系统弹出"新文件选项"对话框，从中选择"mmns_part_solid"公制模板，然后单击"确定"按钮。

Step3. 草绘轨迹，首先在功能区单击"草绘"按钮 ，弹出"草绘"对话框，选择 TOP 基准平面作为草绘平面，默认以 RIGHT 基准平面为"右"方向参照，接着点击"草绘"按钮进入草绘模式，绘制如图 4-2-3 所示的线条作为扫描路径，单击"确定"按钮 。

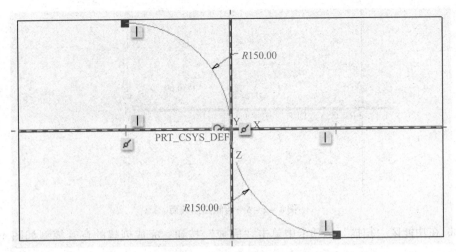

图4-2-3 绘制的相切圆弧曲线

创建扫描轨迹时应注意下面几点，否则扫描可能失败：

- 相对于扫描截面的大小，扫描轨迹中的弧或样条半径不能太小，否则扫描特征在经过该弧时会由于自身相交而出现特征生成失败。

- 对于"切口"（切削材料）类的扫描特征，其扫描轨迹不能自身相交。

Step4. 在功能区"模型"选项卡的"形状"面板中单击"扫描"按钮 🧽，打开"扫描"选项卡。

Step5. 在功能区"扫描"选项卡，系统会自动捕捉扫描的起点，并加亮显示。系统默认"截屏面控制"选项为"垂直于轨迹"，此时轨迹起点箭头如图4-2-4所示。

Step6. 在功能区"扫描"选项中可以看到"生成实体" □ 按钮和"恒定截面" 늘 按钮自动被选中，单击"创建薄板"按钮，并设置薄板厚度为3，如图4-2-5所示。

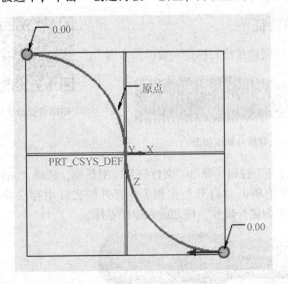

图4-2-4 设置轨迹起点箭头

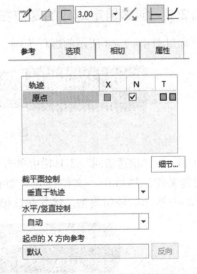

图4-2-5 设置生成薄板及参数

Step7. 在功能区"扫描"选项卡中单击"创建或编辑扫描截面"按钮 📝，进入内部草绘器，绘制如图4-2-6所示的扫描截面，然后单击"确定"按钮 ✔。

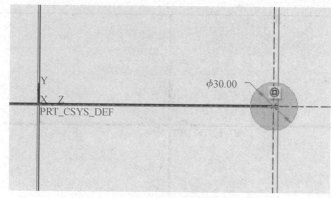

图 4 - 2 - 6　绘制扫描截面

Step8. 在功能区"扫描"选项卡中单击"完成"按钮，完成创建的弯管模型如图 4 - 2 - 7 所示。

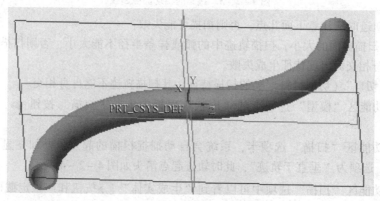

图 4 - 2 - 7　创建的弯管模型

2.2.2　创建恒定螺距的螺旋扫描特征

下面以图 4 - 2 - 8 所示的螺杆为例，说明创建螺旋扫描的一般操作步骤。

扫描特征创建

图 4 - 2 - 8　螺杆外螺纹模型

Step1. 在"快速访问"工具栏中单击"打开"按钮，弹出"文件打开"对话框，选择"ch3 - lg"配套文件，然后在"文件打开"对话框中单击"打开"按钮。在打开的文件中存在着如图 4 - 2 - 9 所示的原始模型。接着在该模型中创建外螺纹，使之成为螺杆零件。

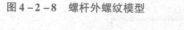

图 4 - 2 - 9　原始模型

Step2. 在功能区"模型"选项卡的"形状"面板中单击"螺旋扫描"按钮，打开"螺旋扫描"选项卡。

Step3. 在"螺旋扫描"选项卡中分别单击"实体"按钮□、"移除材料"按钮◢和"使用右手定则"按钮◙。

Step4. 打开"参考"面板，在"截面方向"选项组中选择"穿过旋转轴"单选按钮，单击"螺旋扫描轮廓"收集器右侧的"定义"按钮，弹出"草绘"对话框，选择 TOP 基准平面作为草绘平面，默认 RIGHT 基准平面为"右"方向参考，单击"草绘"按钮进入草绘模式。

Step5. 单击"基准"面板中的"中心线"按钮绘制一条水平的几何中心线，接着单击"线链"按钮绘制一段直线段，草绘结果如图 4 - 2 - 10 所示，然后单击"确定"按钮✓。

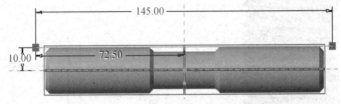

图 4 - 2 - 10　草绘螺旋扫描轮廓

Step6. 在"螺旋扫描"选项卡中的"螺距值"文本框中输入螺距值为 2。接着打开"选项"面板，从"沿着轨迹"选项组中选择"常量"单选按钮。

Step7. 在"螺旋扫描"选项卡中单击"创建或编辑扫描截面"按钮✐，接着根据螺纹标准或要求来绘制如图 4 - 2 - 11 所示的等边三角形，然后单击"确定"按钮✓。

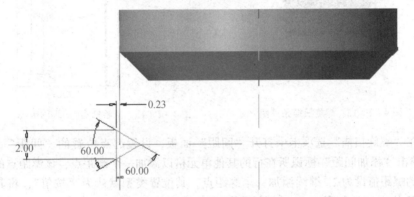

图 4 - 2 - 11　绘制等边三角形

Step8. 如图 4 - 2 - 12 所示的预览图，确认无误后，在"螺旋扫描"选项卡中单击"完成"按钮✓，完成该特征的创建。

2.2.3　创建可变螺距的螺旋扫描特征

下面以一个圆柱压缩弹簧为例，说明创建可变螺旋扫描特征的一般操作步骤。

Step1. 在"快速访问"工具栏中单击"新建"按钮，新建一个名为"ch3 - ysth"的实体零件，该文件不使用默认模板，而是使用公制模板"mms_part_solid"。

Step2. 在功能区"模型"选项卡的"形状"面板中单击"螺旋扫描"按钮▩，打开"螺旋扫描"选项卡。

Step3. 在"螺旋扫描"选项卡中确保选中"实体"按钮□和"使用右手定则"按钮◙，打开"选项面板"，从"沿着轨迹"选项组中选择"变量"单选按钮。

Step4. 在"螺旋扫描"选项卡中打开"参考"面板，从"截面方向"选项组中选择"穿过旋转轴"单选按钮，单击位于"螺旋扫描轮廓"收集器右侧的"定义"按钮，弹出"草绘"对话框，选择 FRONT 基准平面作为草绘平面，默认 RIGHT 基准平面为"右"方向参考，单击"草绘"对话框中的"草绘"按钮，进入草绘模式。

Step5. 单击"基准"面板中的"中心线"按钮，绘制一条竖直的几何中心线作为旋转轴，接着单击"线链"按钮✓绘制一条直线段，如图 4-2-13 所示。单击"确定"按钮✔，完成草绘并退出草绘器。

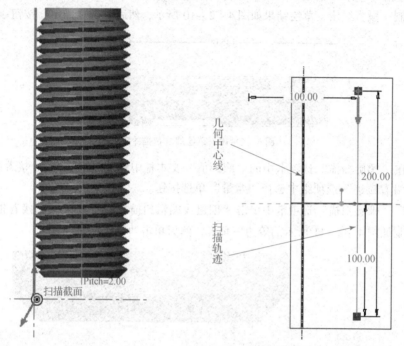

图 4-2-12　螺旋扫描预览图　　　　　图 4-2-13　草绘扫描轮廓和中心线

Step6. 在"螺旋扫描"选项卡中打开"间距"面板，设置起点位置的"间距"值（螺距）为 2。接着单击"添加间距"标识所在行的其他单元格以添加一个螺距点，该螺距点的位置为终点，其对应的螺距值设为 2。继续添加一个螺距点，其位置类型默认为"按值"，将其位置值设置为 50，间距值为 10，如图 4-2-14 所示。

Step7. 在"螺旋扫描"选项卡中单击"创建或编辑扫描截面"按钮，接着绘制弹簧的截面，如图 4-2-15 所示，单击"确定"按钮✔。

#	间距	位置类型	位置
1	2.00		起点
2	2.00		终点
3	10.00	按值	50.00
4	10.00	按值	100.00
5	10.00	按值	150.00
添加间距			

图 4-2-14　添加螺距点　　　　　　　图 4-2-15　草绘扫描轮廓和中心线

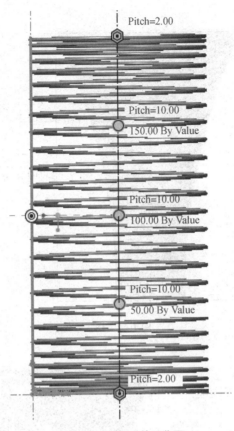

图 4 - 2 - 16 弹簧预览图

Step8. 如图 4 - 2 - 16 所示的预览图，确认无误后，在"螺旋扫描"选项卡中单击"完成"按钮✔，完成该具有可变螺距的弹簧特征的创建，效果如图 4 - 2 - 17 所示。

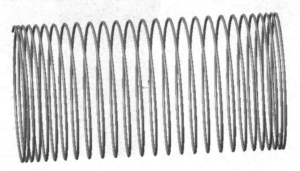

图 4 - 2 - 17 可变螺距螺旋扫描特征

2.2.4 奖杯扫描特征创建

Step1. 打开 1.2.2 完成的"jiangbei. prt"文件。

Step2. 单击"草绘"按钮，选择 RIGHT 面作为草绘平面，绘制如图 4 - 2 - 18 所示的草绘 1。

Step3. 单击"扫描"按钮🔲，打开"扫描"选项卡。按照 2.2.1 步骤选择"生成实体"，单击"参考"，打开"细节"选项卡，选择草绘 1 为参考，如图 4 - 2 - 19 所示。

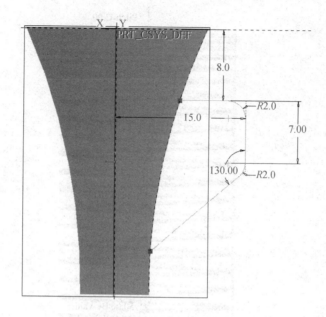

图 4 – 2 –18　草绘 1

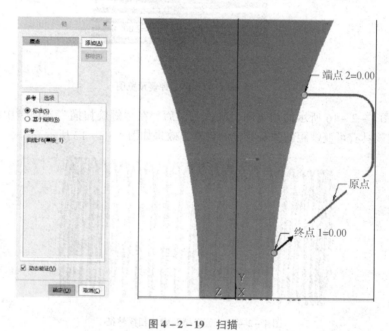

图 4 – 2 – 19　扫描

Step4. 创建截面。单击"创建或编辑扫描截面"按钮 ，进入内部草绘器，绘制如图 4 – 2 – 20 所示的扫描截面，在"选项"中选择"合并端"，单击"确定"按钮 ，完成扫描特征创建。

Step5. 选择完成的"扫描"特征，单击"编辑"选项卡中的"镜像"按钮，选择 FRONT 面为镜像平面，单击"确定"按钮 完成扫描特性的复制，如图 4 – 2 – 21 所示。

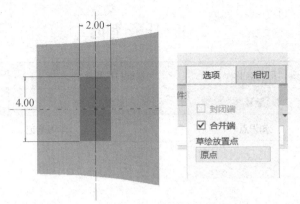

图 4 – 2 – 20　创建截面

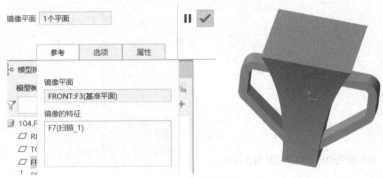

图 4 – 2 – 21　手柄扫描完成

螺旋扫描特征

2.3 任务笔记

编号	4-2	任务名称	螺旋扫描特征		日期	
姓名		学号		班级	评分	
序号	知识点		学习笔记			备注
1	螺旋扫描特征基本要素					
2	恒定螺距的螺旋扫描特征创建过程					
3	可变螺距的螺旋扫描特征创建过程					
4	螺旋间距的设置					

2.4　任务训练

编号	4–2	任务名称	创建螺旋扫描特征		日期	
姓名		学号		班级	评分	

训练内容	题目：按照如图所示尺寸标注，完成该特征的创建。 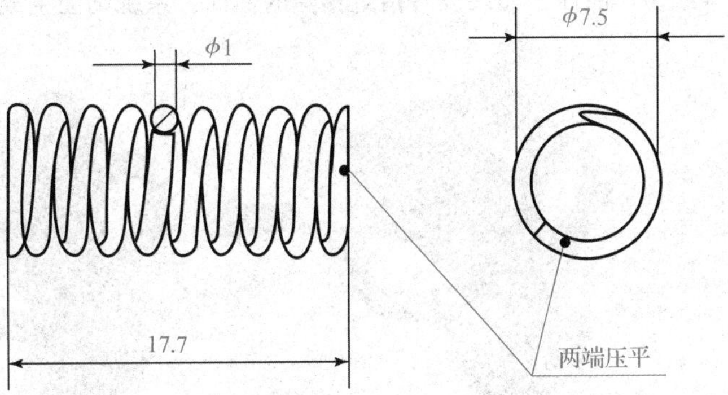 $\phi1$　　　$\phi7.5$ 17.7　　　两端压平
实施过程	
其他创新 设计方法	
自我评价	
小结	

3.1　任务描述

壳特征是将实体内部的材料去除，只留有指定壁厚的壳，如图4－3－1所示。壳特征可以移除指定的一个或多个曲面，如果没有指定移除的曲面，系统则会生成一个封闭的壳体。

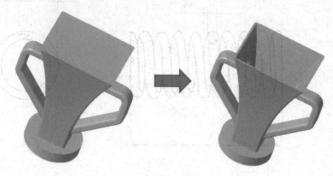

图4－3－1　壳特征

3.2　任务基础知识与实操

下面我们通过实例介绍壳特征的创建步骤。

Step1. 在 Creo 5.0 系统中打开光盘中"ch3－ke.prt"文件，单击"模型"选项卡中"工程"面板下的"壳"按钮 ■，打开操作面板，单击"参考"按钮，打开参考面板。

Step2. 设置厚度为0.5，在模型上单击选中如图4－3－2所示的上平面作为移除面， ✂ 方向符号调整壳的厚度是保留在零件的内侧还是外侧。

注意：如果有多个移除的面，需要按住 Ctrl 进行多面选择；壳特征的厚度与模型有关，如果厚度超过一定的范围，系统会报故障提示。

Step3. 单击"参考"下滑面板下的"非默认厚度"收集框中的 单击此处添加项，按住 Ctrl 选择瓶周身的四面和四个倒圆面，将其厚度设置为0.2，如图4－3－3所示。

Step4. 单击"选项"下滑面板下的"排除的曲面"收集框中的 单击此处添加项，按住 Ctrl 选择瓶底的圆周面，将底座不进行抽壳，如图4－3－4所示。

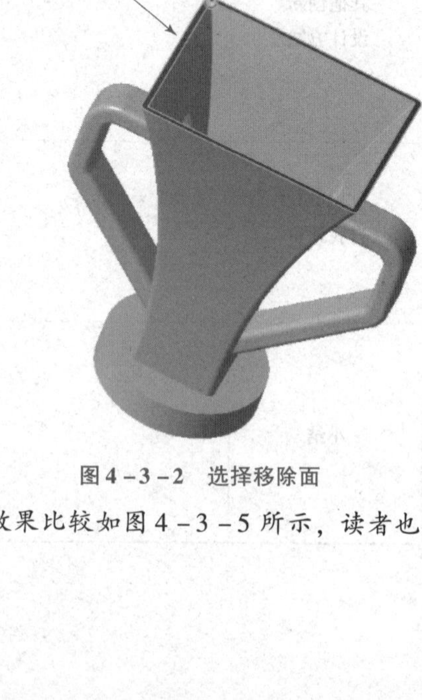

注意：如果不进行 Step4 的操作，瓶底也将会被抽壳，效果比较如图4－3－5所示，读者也可以先进行瓶身的抽壳，然后再创建瓶底的实体。

厚度 0.5

移除面

0.5 0_THICK

图4－3－2　选择移除面

图 4 – 3 – 3　选择非默认厚度

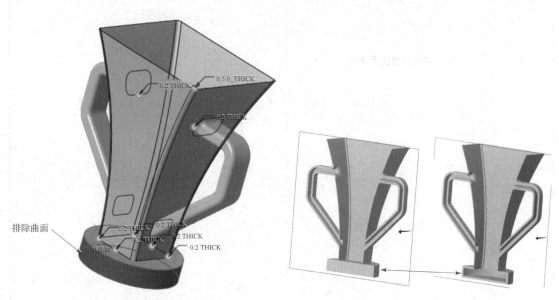

图 4 – 3 – 4　选择"排除的曲面"

图 4 – 3 – 5　瓶底抽壳对比

Step5. 单击 按钮，检查确认后单击 按钮完成整个案例的绘制。

壳特征的创建

3.3 任务笔记

编号	4-3	任务名称		壳特征的创建		日期	
姓名		学号		班级		评分	
序号		知识点		学习笔记			备注
1		移除曲面的选择					
2		抽壳厚度注意事项					
3		非默认厚度设置					
4		排除曲面的选择					

3.4 任务训练

编号	4-3	任务名称		创建混合特征		日期	
姓名		学号		班级		评分	

训练内容	题目：按照如图所示尺寸标注，完成该特征的创建。 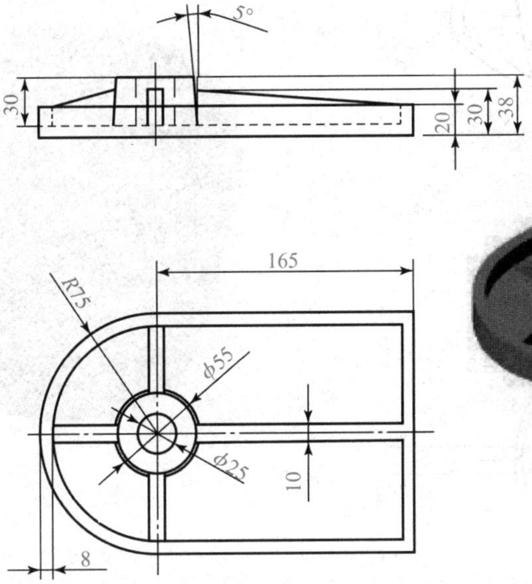 
实施过程	
其他创新 设计方法	
自我评价	
小结	

根据图示尺寸绘制三维图形。

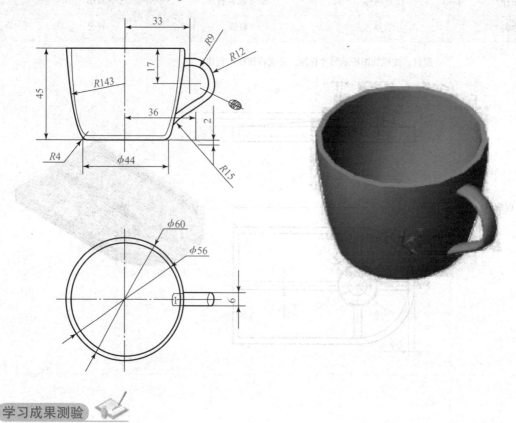

根据图示尺寸绘制三维图形。

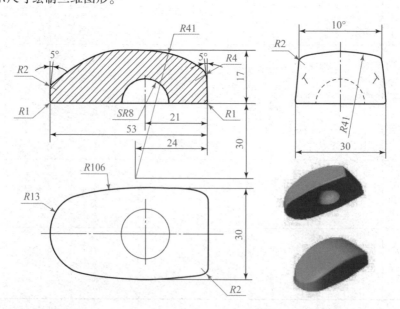

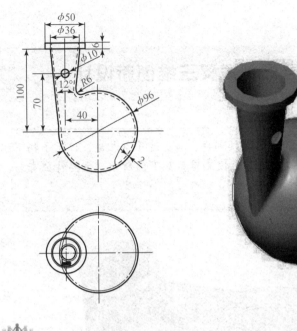

项目五 拨叉三维创新设计

项目情境：拨叉是变速箱中的连接部件，与变速手柄相连，位于手柄下端，用于拨动变速齿轮，改变传动比。本次项目的拨叉模型如下图所示，主要特征有筋、拉伸和倒圆角特征。

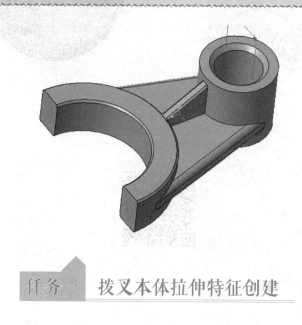

任务一 拨叉本体拉伸特征创建

1.1 任务描述

拨叉本体拉伸特征的创建，本次任务主要完成拨叉两端的圆柱特征的创建，主要利用拉伸特征完成特征的创建，拨叉本体拉伸特征如图 5 – 1 – 1 所示。

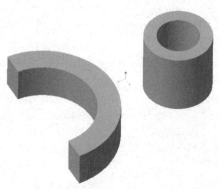

图 5 – 1 – 1 拨叉本体拉伸特征

1.2 任务基础知识与实操

拨叉本体拉伸特征创建步骤如下。

Step1. 在 Creo 5.0 软件中新建零件模型文件，单击"模型"选项卡下的"形状"命令群组中的"拉伸"命令按钮，打开"拉伸"操作面板，放置平面选择 RIGHT 平面。

Step2. 首先绘制两个同心圆，直径分别为 20 和 32，点击确定按钮，完成草图的绘制，接着对拉伸特征进行设置，选择"从草绘平面拉伸"，拉伸深度为 30，完成拉伸特征 1 的创建，如图 5 – 1 – 2 所示。

Step3. 选择"拉伸"命令绘制如图 5 – 1 – 3 所示的拨叉本体草图，对拉伸特征进行设置，选择"从草绘平面拉伸"，拉伸深度为 17，完成拉伸特征 2 的创建，如图 5 – 1 – 4 所示，保存文件为"ch5 – 1 – bocha. prt"。

图 5 – 1 – 2　拨叉本体
拉伸特征 1

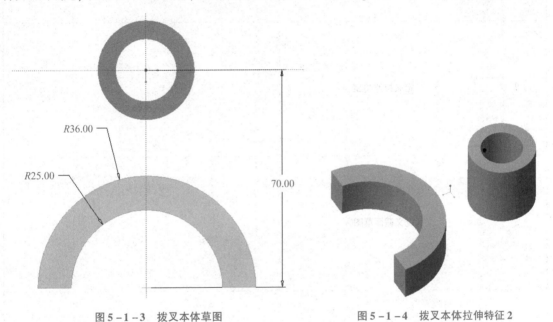

图 5 – 1 – 3　拨叉本体草图　　　　　　图 5 – 1 – 4　拨叉本体拉伸特征 2

1.3 任务笔记

编号	5-1	任务名称		拉伸特征		日期	
姓名		学号		班级		评分	
序号		知识点		学习笔记			备注
1		选取特征命令					
2		定义拉伸类型					
3		定义截面草图					
4		定义拉伸深度属性					

1.4 任务训练

编号	5 – 1	任务名称		创建基准特征		日期	
姓名		学号		班级		评分	

<table>
<tr><td rowspan="1">训练
内容</td><td>题目：按照如图所示尺寸标注，完成该特征的创建。 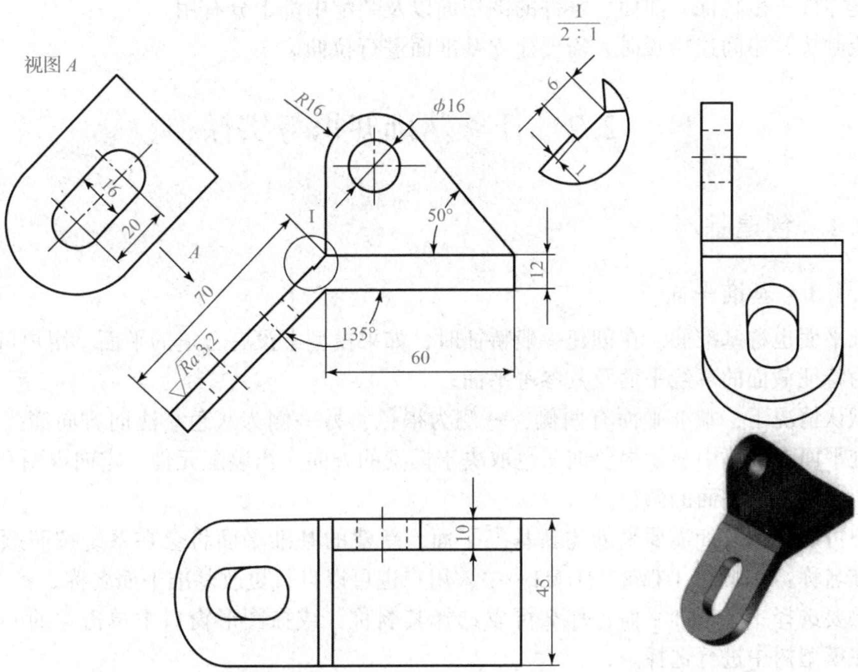

</td></tr>
<tr><td>实施
过程</td><td></td></tr>
<tr><td>其他
创新
设计
方法</td><td></td></tr>
<tr><td>自我
评价</td><td></td></tr>
<tr><td>小结</td><td></td></tr>
</table>

2.1　任务描述

Creo5.0 软件中基准特征主要包括基准平面、基准轴、基准曲线、基准点和坐标系。这些基准在创建零件一般特征、曲面、零件的剖切面以及装配中都十分有用。

在绘制拨叉中间连接板时，需要建立基准面进行拉伸。

2.2　任务基础知识与实操

2.2.1　创建基准

2.2.1.1　基准平面

基准平面也称基准面。在创建一般特征时，如果模型上没有合适的平面，用户可以创建基准平面作为特征截面的草绘平面及其参考平面。

在默认情况下，基准平面有两侧，一侧为褐色，另一侧为灰色。法向方向箭头指向褐色一侧，基准平面在屏幕中显示褐色或灰色取决于模型的方向。当装配元件、定向视图和选择草绘参考时，应注意基准平面的颜色。

用户可以根据设计需要来创建新基准平面，新建的基准平面将会在系统按照顺序依次自动分配基准名称：DTM1、DTM2、DTM3……，用户也可以自行更改基准平面名称。

如果要选择一个基准平面，那么可以选择其名称，或在图形窗口中单击它的一条显示边界线，或在模型树中进行选择。

1. 创建基准平面的一般过程

下面以一个范例来说明创建基准平面的一般过程。

如图 5-2-1 所示，现在要创建一个基准平面 DTM1，使其穿过图中模型的一个边线，并与模型上的一个表面成45°的夹角。

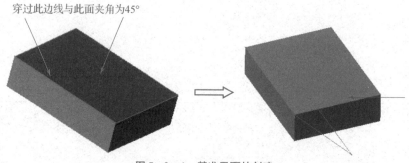

穿过此边线与此面夹角为45°

图 5-2-1　基准平面的创建

Step1. 打开文件名为"ch3-jzpm"的实体零件。

Step2. 单击"模型"功能选项卡"基准"区域中的"平面"按钮□，系统弹出"基准平面的创建"，如图 5-2-1 所示。

Step3. 选取约束。

（1）穿过约束。选择如图 5-2-1 所示的边线，此时对话框的显示如图 5-2-2 所示。

（2）角度约束。按住 Ctrl 键，选择如图 5-2-1 所示的参考平面。

（3）定义夹角。在如图 5-2-3 所示的对话框下部的文本框中输入夹角值45°，并按 Enter 键。

图 5-2-2 "基准平面"对话框1

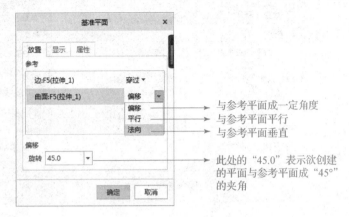

与参考平面成一定角度
与参考平面平行
与参考平面垂直

此处的"45.0"表示欲创建的平面与参考平面成"45°"的夹角

图 5-2-3 输入角度值

（4）修改基准平面的名称。如图 5-2-4 所示，可在属性选项卡的名称文本框中输入新的名称。

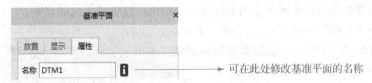

可在此处修改基准平面的名称

图 5-2-4 修改基准平面的名称

说明：创建基准平面可使用如下一些约束。

● 通过轴/边线/基准曲线：要创建的基准平面通过一个基准轴，或模型上的某个边线，或基准曲线。

● 垂直平面：要创建的基准平面垂直于另一个平面。

● 平行平面：要创建的基准平面平行于另一个平面。

● 与圆柱面相切：要创建的基准平面相切于一个圆柱面。

● 通过基准点/顶点：要创建的基准平面通过一个基准点，或模型上的某顶点。

● 角度平面：要创建的基准平面与另一个平面成一定角度。

2. 创建基准平面的其他约束方法：通过平面

要创建的基准平面通过另一个平面，即与这个平面完全一致，该约束方法能单独确定一个平面。

Step1. 单击"平面"按钮 □。

Step2. 选取某一参考平面，再在对话框中选择"穿过"选项，如图 5-2-5 所示，要创建的基准平面穿过所选择的参考平面。

3. 创建基准平面的其他约束方法：偏距平面

Step1. 单击"平面"按钮 □。

Step2. 选取某一参考平面，再在对话框中选择"偏移"选项，然后输入偏距的距离值为20，如图5-2-6所示，要创建的基准平面平行于所选择的参考平面，并且与该平面有一个偏距距离。

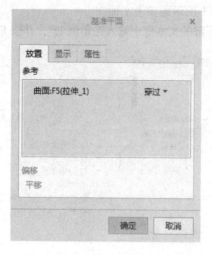

图5-2-5 "基准平面"对话框2

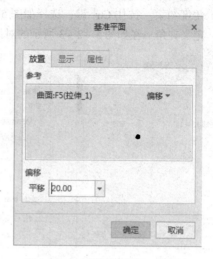

图5-2-6 "基准平面"对话框3

4. 创建基准平面的其他约束方法：偏距坐标系

用此约束方法可以创建一个基准平面，使其垂直于一个坐标轴并偏离坐标原点。当使用该约束方法时，需要选择与该平面垂直的坐标轴，并给出沿该轴线方向的偏距。

Step1. 单击"平面"按钮，选取某一坐标系。

Step2. 如图5-2-7所示，选取所需的坐标轴，本例选择 X 轴，然后输入偏距的距离值为30。

2.2.1.2 基准轴

基准轴的作用和基准平面类似，都可以用作特征创建的参照。在实际设计工作中，基准轴对制作基准平面、同轴放置项目和创建径向阵列特别有用。这里需要了解这样一个概念：基准轴是单独的特征，它可以被重定义、隐含、遮蔽或删除等，这与特征轴是不同的；特征轴是指在创建旋转特征或圆柱形体时自动产生的内部轴线，它不是单独的特征，一旦把其依附的特征（如旋转特征）删除，那么相应的特征轴也一同被删除。

创建基准轴后，系统用 A_1、A_2 等依次自动分配其名称。要选取一个基准轴，可在绘图窗口中单击它，或者单击它的名称，也可以在模型中选择它。

图5-2-7 "基准平面"对话框4

1. 创建基准轴的一般过程

下面以一个范例来说明创建基准轴的一般过程。

如图5-2-8所示的"ch3-jzz"零件模型中，创建与内部轴线 Center_axis 相距为10，并且位于 RIGHT 基准平面内的基准轴特征。

Step1. 打开文件名为"ch3-jzz"的实体零件。

Step2. 单击"模型"功能选项卡"基准"区域中的"轴"按钮，系统弹出"基准轴"对话框。

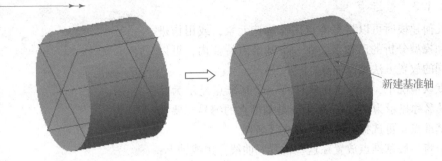

新建基准轴

图 5 - 2 - 8　基准轴的创建过程

Step3. 如图 5 - 2 - 9 所示，因为所要创建的基准轴位于 RIGHT 基准平面内，所以应该选取与之相邻的平面作为约束参考，将约束类型改为"法向"。

Step4. 在偏移参考选项框中单击鼠标左键，再选取 RIGHT 基准平面作为偏移参考，输入数值为 0。

Step5. 按住 ctrl 键，同时单击鼠标左键选取 FRONT 基准平面作为偏移参考，输入数值为 10，此时对话框如图 5 - 2 - 10 所示。

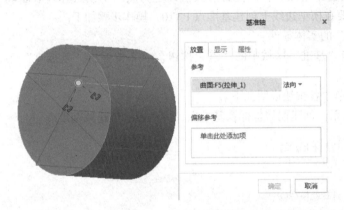

图 5 - 2 - 9　"基准轴"对话框 1　　　　图 5 - 2 - 10　"基准轴"对话框 2

说明：创建基准轴可使用如下一些约束。

● 过边界：要创建的基准轴通过模型上的一个直边。

● 垂直平面：要创建的基准轴垂直于某个"平面"。使用此方法，应先选取要与其垂直的参考平面，然后分别选取两条定位的参考边，并定义基准轴到参考边的距离。

● 过点且垂直于平面：要创建的基准轴通过一个基准点并与一个"平面"垂直，"平面"可以是一个现成的基准面或模型上的表面，也可以创建一个新的基准面作为"平面"。

● 过圆柱：要创建的基准轴通过模型上的一个旋转曲面的中心轴。使用此方法时，再选择一个圆柱面或圆锥面即可。

● 两平面：在两个指定平面（基准平面或模型上的平面表面）的相交处创建基准轴。两平面不能平行，但在屏幕上不必显示相交。

● 两个点/顶点：要创建的基准轴通过两个点，这两个点既可以是基准点，也可以是模型上的顶点。

Step6. 修改基准轴的名称。如图 5 - 2 - 11 所示，可在属性选项卡的名称文本框中输入新的名称。

2.2.1.3 基准点

在几何建模时可以将基准点用作构造元素，或用作进行计算和模型分析的已知点。在一个基准点特征内，可以使用不同的放置方法来添加点。

在默认情况下，Creo 5.0 软件将一个基准点显示为叉号 X，其名称显示为 PNTn，其中 n 是基准点的编号。要选取一个基准点，可选择基准点自身或其名称。

可以将一般基准点放置在这些位置：曲线、边或轴上；圆形或椭圆形图元的中心；在曲面或面组上、自由面或面组偏移；顶点上或自顶点偏移；自现有基准点偏移；从坐标系偏移；图元相交位置。

下面通过范例来说明创建一般基准点的典型方法和步骤。

图 5 - 2 - 11　"属性"选项卡

1. 创建基准点一：在曲线/边线上

用位置的参数值在曲线或边线上创建基准点，该位置参数值确定为从一个顶点开始沿曲线的长度。如图 5 - 2 - 12 所示，现需要在模型边线上创建基准点 PNT0，操作步骤如下。

Step1. 打开文件名为 "ch3 - jzd" 的实体零件。

Step2. 单击"模型"功能选项卡"基准"区域中的"点"按钮 ✕ ✕，系统弹出"基准点"菜单栏。

如图 5 - 2 - 13 所示的"点"菜单中各按钮说明如下。

点：创建基准点　　　　偏移坐标系：创建偏移坐标系基准点　　　　域：创建域基准点

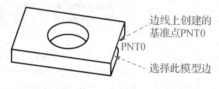

图 5 - 2 - 12　线上基准点的创建

图 5 - 2 - 13　"点"菜单

Step3. 选择如图 5 - 2 - 14 所示的模型的边线，系统立即产生一个基准点 PNT0，如图 5 - 2 - 15 所示。

图 5 - 2 - 14　选取边线　　　　　　　　　　图 5 - 2 - 15　产生基准点

Step4. 如图 5 - 2 - 16 所示的"基准点"对话框中先选择基准点的定位方式（比率或实际值），再键入基准点的定位数值（比率系数或实际长度值）。

2. 创建基准点二：顶点

在零件边、曲面特征边、基准曲线或输入框架的顶点上创建基准点。

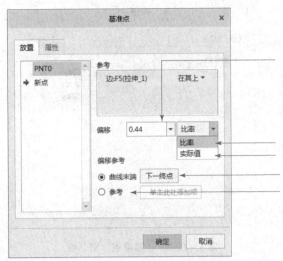

如果选择"比率"方式，此处显示比例值（即基准点到边线起点的长度值与边线总长度的比例值）；如果选择"实际值"方式，此处显示基准点到边线起点的长度值

按比例方式确定基准点的位置
按到起点的长度值确定基准点的位置

单击此按钮，可将起点切换到下一个端点
选择此项后，可选取一个参考来确定基准点的位置

图 5 - 2 - 16 "基准点"对话框

如图 5 - 2 - 17 所示，现需要在该模型的顶点处创建一个基准点 PNT1，操作步骤如下。

Step1. 单击"模型"功能选项卡"基准"区域中的"点"按钮 ✗✗，系统弹出"基准点"菜单栏。单击"点"按钮。

Step2. 选取模型的顶点，系统立即在此顶点处产生一个基准点 PNT1，此时"基准点"对话框如图 5 - 2 - 18 所示。

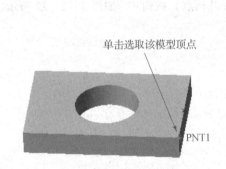

单击选取该模型顶点

PNT1

图 5 - 2 - 17 顶点基准点的创建

图 5 - 2 - 18 "基准点"对话框

3. 创建基准点三：过中心点

在一条弧、一个圆或一个椭圆图元的中心处创建基准点。

如图 5 - 2 - 19 所示，现需要在该模型上表面的孔的圆心处创建一个基准点 PNT2，操作步骤如下。

Step1. 单击"模型"功能选项卡"基准"区域中的"点"按钮 ✗✗。

Step2. 选取模型上表面的孔边线。

Step3. 如图 5 - 2 - 20 所示的"基准点"对话框的下拉列表中选取"居中"选项。

创建的基准点PNT2在圆弧的中心

PNT2

单击模型上表面的此孔边线

图 5 - 2 - 19　过中心点创建基准点

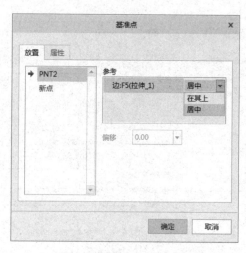

图 5 - 2 - 20　"基准点"对话框

4. 创建基准点三：草绘

进入草绘环境，绘制一个基准点。

如图 5 - 2 - 21 所示，现需要在模型的表面创建一个草绘基准点 PNT3，操作步骤如下。

Step1. 单击"模型"功能选项卡"基准"区域中的"草绘"按钮，系统会弹出"草绘"对话框。

Step2. 选取如图 5 - 2 - 21 所示的两平面为草绘平面和参考平面，单击"草绘"按钮。

Step3. 进入草绘环境后，选取如图 5 - 2 - 22 所示的模型的边线为草绘环境的参考，单击"关闭"

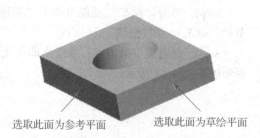

选取此面为参考平面　　　选取此面为草绘平面

图 5 - 2 - 21　草绘基准点的创建

按钮；单击"草绘"选项卡"基准"区域中的（创建几何点）按钮，如图 5 - 2 - 23 所示，再在图形区选择一点。

Step4. 单击"确定"按钮，退出草绘环境。

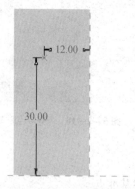

12.00

30.00

图 5 - 2 - 22　草绘图形

图 5 - 2 - 23　工具按钮

2.2.1.4　基准坐标系

坐标系是可以增加到零件和装配件中的参考特征，它可用于：

- 计算质量属性
- 装配元件

- 为"有限元分析（FEA）"放置约束
- 为刀具轨迹提供制造操作参考
- 用于定位其他特征的参考（坐标系、基准点、平面和轴线、输入的几何等）

在 Creo 5.0 软件中，可以根据需要在三维空间中创建用户基准坐标系，这些坐标系可以是笛卡儿坐标系、柱坐标系和球坐标系，其中最常用的为笛卡儿坐标系，即系统用 X、Y 和 Z 表示坐标值。

创建坐标系方法：三个平面

选择三个平面（模型的表平面或基准平面），这些平面不必正交，其交点即为坐标原点，选定的第一个平面的法向定义一个轴的方向，第二个平面的法向定义另一轴的大致方向，系统使用右手定则确定第三轴。

如图 5-2-24 所示，现需要在三个垂直平面（平面1、平面2和平面3）的交点上创建一个坐标系 CSO，操作步骤如下。

Step1. 打开文件名为"ch3-jzpm"的实体零件。

Step2. 单击"模型"功能选项卡"基准"区域中的"坐标系"按钮⊥。

Step3. 选择三个垂直平面。如图 5-2-24 所示，选择平面1；再按住键盘的 Ctrl 键，依次选择平面2和平面3。此时系统就创建了如图 5-2-25 所示的坐标系，注意字符 X、Y、Z 所在的方向正是相应坐标轴的正方向。

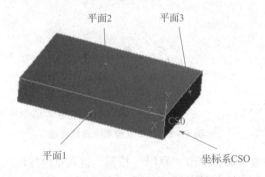

图 5-2-24　由三个平面创建坐标系

图 5-2-25　产生的坐标系

Step4. 修改坐标轴的位置和方向。如图 5-2-26 所示的"坐标系"对话框中打开方向选项卡，在该选项卡的界面中可以修改坐标轴的位置和方向。

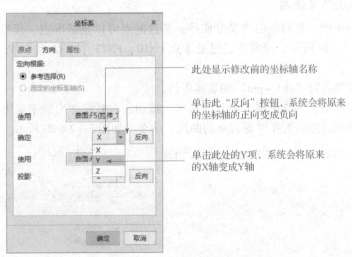

图 5-2-26　"坐标系"对话框

2.2.1.5 基准曲线

基准曲线可用于创建曲面和其他特征，或作为扫描轨迹。创建曲线有很多种方法，下面介绍两种基本方法。

1. 草绘基准曲线

草绘基准曲线的方法与草绘其他特征相同。草绘曲线可以由一个或多个草绘段以及一个或多个开放或封闭的环组成。但是将基准曲线用于其他特征，通常限定在开放或封闭环的单个曲线（它可以由许多段组成）。

草绘基准曲线时，Creo 5.0 软件在离散的草绘基准曲线上创建一个单一复合基准曲线。对于该类型的复合曲线，不能重定义起点。

由草绘曲线创建的复合曲线可以作为轨迹选择，例如作为扫描轨迹。使用"查询选取"可以选择底层草绘曲线图元。

如图 5 - 2 - 27 所示，现需要在模型的表面上创建一个草绘基准曲线，操作步骤如下。

Step1. 打开文件名为"ch3 - jzqx"的实体零件。

Step2. 单击"模型"功能选项卡"基准"区域中的"草绘"按钮 ⌇，如图 5 - 2 - 28 所示。

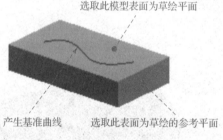

图 5 - 2 - 27　创建草绘基准曲线

图 5 - 2 - 28　草绘基准曲线按钮

Step3. 选取图 5 - 2 - 27 中的草绘平面及参考平面，单击"草绘"按钮，进入草绘环境。

Step4. 进入草绘环境后，接受默认的平面为草绘环境的参考，然后单击"样条"按钮 ⌇，草绘一条样条曲线。

Step5. 单击"确定"按钮 ✔，退出草绘环境。

2. 经过点创建基准曲线

可以通过空间中的一系列点创建基准曲线，经过的点可以是基准点、模型的顶点以及曲线的端点。如图 5 - 2 - 29 所示，现需要经过基准点 PNT0、PNT1、PNT2 和 PNT3 创建一条基准曲线，操作步骤如下。

Step1. 打开文件名为"ch3 - pnt"的实体零件。

Step2. 单击"模型"功能选项卡中的"基准"按钮，在系统弹出的菜单中单击"曲线"选项后面的下拉列表框，然后选择"通过点的曲线"命令，如图 5 - 2 - 30 所示。

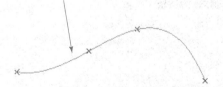

图 5 - 2 - 29　经过基准点创建的基准曲线

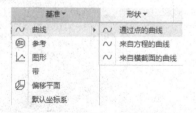

图 5 - 2 - 30　创建基准命令的位置

Step3. 完成上步操作后，系统会弹出如图 5 - 2 - 31 所示的"曲线：通过点"操控板，在图形区中依次选取图 5 - 2 - 29 中的基准点 PNT0、PNT1、PNT2 和 PNT3 为曲线的经过点。

Step4. 单击"曲线：通过点"操控板中的"确定"按钮 ✓，完成该曲线的创建。

2.2.2　拔插连接板的创建

Step1. 单击"平面"按钮 ▱。

Step2. 选取 TOP 面为参考平面，再在对话框中选择"偏移"选项，然后输入偏距的距离值为 8，如图 5 - 2 - 32 所示，单击"确定"新建基准平面 DTM1。

Step3. 单击 ▦ 按钮，选择 DTM1 为草绘平面，绘制如图 5 - 2 - 33 所示的草图，连接任务一完成的两个圆柱体。单击 ✓，完成图形草绘，单击 ✓ 完成连接板的创建。

图 5 - 2 - 31　"曲线：通过点"操控板

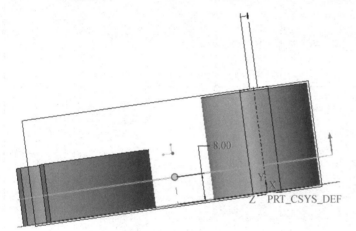

图 5 - 2 - 32　偏移建立基准平面

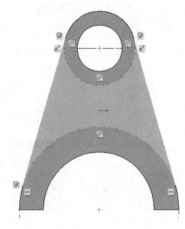

图 5 - 2 - 33　草绘

基准特征

2.3 任务笔记

编号	5-2	任务名称		基准特征		日期	
姓名		学号		班级		评分	
序号	知识点		学习笔记			备注	
1	创建基准平面						
2	创建基准轴						
3	创建基准点						
4	创建基准坐标系						
5	创建基准曲线						

2.4 任务训练

编号	5-2	任务名称		创建基准特征		日期	
姓名		学号		班级		评分	

训练内容	题目：按照如图所示尺寸标注，完成该特征的创建。 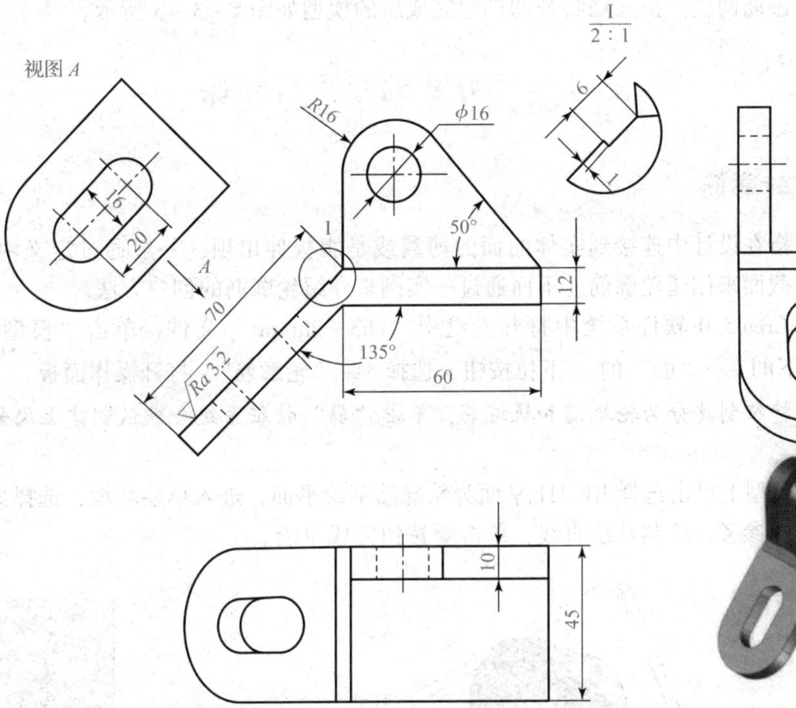 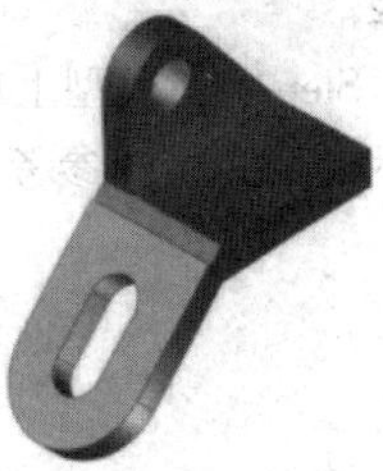
实施过程	
其他创新 设计方法	
自我评价	
小结	

3.1 任务描述

筋特征的作用是用来加固实体的结构，提高零件的强度。在 Creo5.0 软件中，筋特征主要分为轮廓筋和轨迹筋两类。拨叉筋特征的创建完成后的模型如图 5 - 3 - 3 所示。

3.2 任务基础知识与实操

3.2.1 轮廓筋

轮廓筋是指在设计中连接到实体曲面的薄翼或是腹板伸出项，一般通过定义两个垂直曲面之间的特征横截面来创建轮廓筋。下面通过一实例来介绍轮廓筋的创建方法。

Step1. 在 Creo 5.0 软件系统中打开光盘中 "ch3 - jin. prt" 文件，单击 "模型" 选项卡中 "工程" 面板下的 ⬧ "筋" 的 ▾ 下拉按钮，选择 ⬧ "轮廓筋"，打开操作面板。

注意：筋特征创建分为轮廓筋和轨迹筋，单击 "筋" 特征系统会默认创建上次创建的 "筋" 类型。

Step2. 在模型上单击选择 RIGHT 平面为轮廓筋草绘平面，进入草绘环境，选择如图 5 - 3 - 1 所示的面为绘图参考，绘制草绘直线，单击 ✔ 按钮完成草绘。

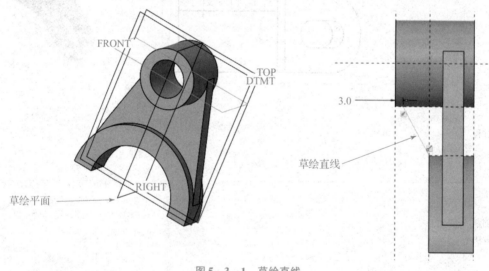

图 5 - 3 - 1 草绘直线

注意：轮廓筋草绘必须满足以下标准：

- 单一的开放环；
- 连续的非相交草绘图元；
- 草绘端点必须与形成封闭区域的连续曲面对齐。

Step3. 设置筋厚度为 4，筋材料厚度侧方向为 "对称"，在模型中单击 "方向" 箭头，定义加材料方向，模型如图 5 - 3 - 2 所示。

注意：筋厚度侧方向有3种，分别为：两侧（对称）、侧1和侧2，可以通过单击 ✕ "更改两个侧面的厚度选项"来选择方向。

Step4. 单击 ∞ 按钮，检查确认后单击 ✓ 按钮完成轮廓筋的创建，效果如图5-3-3所示。

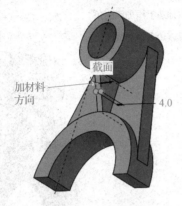
截面
加材料
方向
4.0
图5-3-2 设置筋厚度

图5-3-3 轮廓筋绘制效果

3.2.2 轨迹筋

轨迹筋是为在模型内部添加各种加强筋的工具，轨迹筋具有顶部和底部，底部与模型曲面相交，顶部曲面则由草绘平面定义，而侧面会延伸至模型上的下一曲面。下面通过实例介绍轨迹筋的创建步骤。

Step1. 在 Creo 5.0 软件系统中打开光盘中"ch3-jin. prt"文件，单击"模型"选项卡中"工程"面板下的 ⬚ "筋"的 ▾ 下拉按钮，选择 ⬚ "轨迹筋"，打开操作面板。

Step2. 在模型上单击选择如图5-3-4所示的平面为草绘平面，进入草绘环境，绘制如图5-3-5所示的草绘轨迹，单击 ✓ 按钮完成草绘。

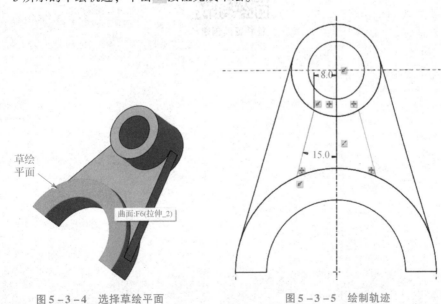

草绘
平面

曲面:F6(拉伸_2)

8.0

15.0

图5-3-4 选择草绘平面   图5-3-5 绘制轨迹

注意：轨迹筋的轨迹可以是开放环、封闭环、自交环或多环，对于开放环的两端点不必捕捉到模型边界上，系统会自动延伸与实体相交，封闭环则必须位于实体腔槽中。

Step3. 设置筋厚度为2，在模型中单击"方向"箭头，定义加材料方向，单击 "在内部边上添加倒圆角"，在"图形"操作面板上设置圆角半径为1，模型如图5-3-6所示。

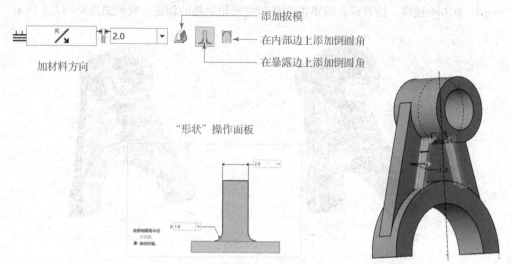

图5-3-6　添加倒圆角

Step4. 单击∞按钮，检查确认后单击✓按钮完成轨迹筋的创建。

注意：1. 当筋路径穿过基础曲面的孔或切口时，筋特征将创建失败。

2. 轨迹筋和轮廓筋都需要创建草绘，选择草绘平面时，轮廓筋相当于侧视图，而轨迹筋相当于俯视图。

筋特征的创建

3.3 任务笔记

编号	5-3	任务名称	筋特征的创建		日期	
姓名		学号		班级	评分	
序号	知识点		学习笔记			备注
1	筋特征的主要类型					
2	轮廓筋草绘注意事项					
3	轨迹筋草绘注意事项					
4	轮廓筋特征的创建方法					
5	轨迹筋特征的创建方法					

3.4 任务训练

<table>
<tr><td>编号</td><td>5－3</td><td>任务名称</td><td colspan="3">三维模型的绘制</td><td>日期</td><td></td></tr>
<tr><td>姓名</td><td></td><td>学号</td><td></td><td>班级</td><td></td><td>评分</td><td></td></tr>
<tr><td>训练内容</td><td colspan="7">题目：按照图示尺寸绘制三维模型。
内容与要求：
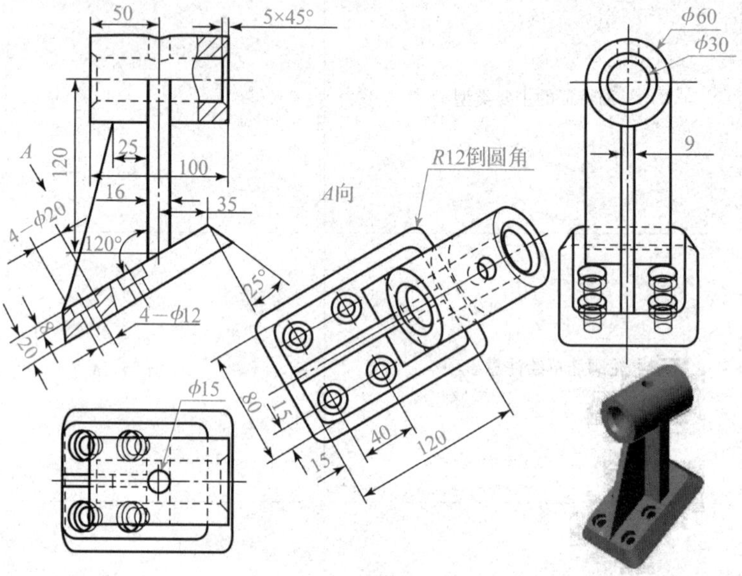
</td></tr>
<tr><td>实施过程</td><td colspan="7"></td></tr>
<tr><td>其他创新设计方法</td><td colspan="7"></td></tr>
<tr><td>自我评价</td><td colspan="7"></td></tr>
<tr><td>小结</td><td colspan="7"></td></tr>
</table>

4.1 任务描述

倒圆角和倒角是机械加工中常见的工艺，倒圆角首先可以有效地去除加工毛刺，保证加工精度，其次可以消除边棱锐角，避免对人员和其他零件的伤害，最后可以方便零部件的装配。

4.2 任务基础知识与实操

倒圆角特征在实际工程应用中非常广泛，它是通过一条边或多条边，或者曲面间添加半径而生成的。

4.2.1 创建倒圆角特征

创建倒圆角特征内容比较繁杂，本书挑选几种常见应用进行讲解。

1. 创建恒定半径倒圆角

恒定半径倒圆角是指圆角每处的半径保持一致。下面利用实例介绍恒定半径倒圆角的创建步骤，实例如图 5-4-1 所示。

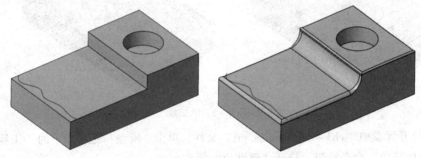

图 5-4-1 创建恒定半径倒圆角

Step1. 打开光盘中 "ch3 - daoyuanjiao. prt" 文件，单击"模型"选项卡下的"工程"命令群组中的 🖂 "倒圆角"命令按钮，打开"倒圆角"操作面板。

Step2. 单击操作面板下部的"集"按钮，打开"集"操作面板，按住 Ctrl 选择模型中如图 5-4-2 所示的三条边，并在"集"操作面板下半径设置为 2。

Step3. 单击左上角列表中的"新建集"，列表中自动添加集 2，此时按住 Ctrl 选择模型平面 F6 的 4 条边，并将半径设置为 1，完成集 2 的设置；再次单击"新建集"，列表中自动添加集 3，选择如图 5-4-3 所示相交边，并设置半径为 8。

注意：不按住 Ctrl 键选择参考边，系统会自动创建新集，按住 Ctrl 选择的边为同一集。

Step4. 单击 ∞ 按钮，检查确认后单击 ✓ 按钮，完成恒定半径倒圆角创建。

2. 创建可变半径倒圆角

可变半径倒圆角是指圆角半径在参考边链上是可变的，下面介绍可变半径倒圆角的创建步骤。

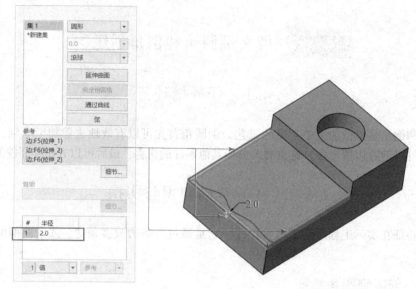

图 5 - 4 - 2 选择集 1

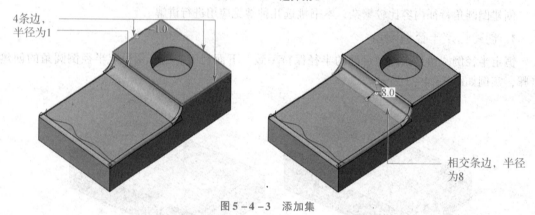

图 5 - 4 - 3 添加集

Step1. 打开光盘中"ch3 - daoyuanjiao. prt"文件，单击"模型"选项卡下的"工程"命令群组中的 "倒圆角"命令按钮，打开"倒圆角"操作面板。

Step2. 选择如图 5 - 4 -4 所示的边。

Step3. 单击"集"按钮进入集操作面板，在半径表中右击，在弹出的快捷菜单中选择"添加半径"，设置半径为 4，再次右击半径列表"添加半径"，半径设置为 2.5，位置设为 0.5，如图 5 - 4 - 5 所示。

注意：添加半径的另一种方法是鼠标指针移到模型的圆角指上，右击在弹出的菜单中选择"添加半径"，如图 5 - 4 - 6 所示。位置值设为 0.5，表示在参考边的中心位置。

Step4. 单击 ∞ 按钮，检查确认后单击 ✔ 按钮，完成可变半径倒圆角创建，最后效果如图 5 - 4 - 6 所示。

3. 创建完全倒圆角

完全倒圆角是指在选定的两个参考间使用一个相切的圆弧面几何来代替已有的几何，主要方法有两种。下面我们介绍创建步骤，方法一步骤如下。

Step1. 和上面案例 Step1 操作相同，打开"ch3 - daoyuanjiao. prt"文件，打开"倒圆角"操作面板。

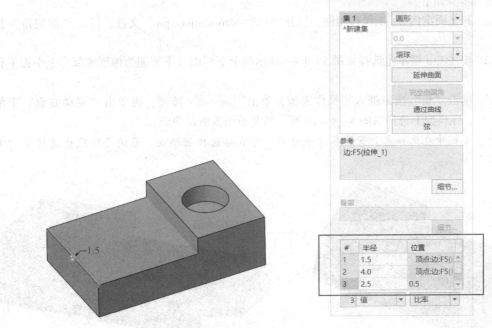

集 1 | 圆形 ▾
*新建集
| 0.0 ▾
| 滚球 ▾

延伸曲面

完全倒圆角

通过曲线

弦

参考
边:F5(拉伸_1)

细节...

骨架

细节...

#	半径	位置
1	1.5	顶点:边:F5()
2	4.0	顶点:边:F5()
3	2.5	0.5

| 3 | 值 ▾ | 比率 ▾ |

图 5 - 4 - 4　选择边　　　　　　　　　　　图 5 - 4 - 5　添加半径

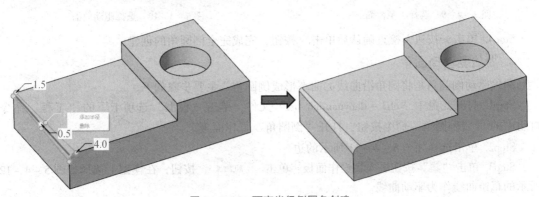

图 5 - 4 - 6　可变半径倒圆角创建

Step2. 按住 Ctrl 键单击选择如图 5 - 4 - 7 所示的两条边。

Step3. 单击 "集" 按钮进入集操作面板，单击 ▢完全倒圆角 按钮，模型如图 5 - 4 - 8 所示。

Step4. 单击⌒按钮，检查确认后单击✓按钮，完成完全倒圆角的创建。

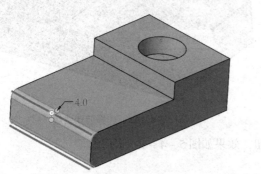

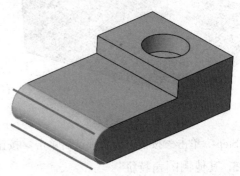

图 5 - 4 - 7　选择两条边　　　　　　　　图 5 - 4 - 8　完全倒圆角预览

方法二步骤如下。

Step1. 和上面案例 Step1 操作相同，打开"ch3 - daoyuanjiao. prt"文件，打开"倒圆角"操作面板。

Step2. 按住 Ctrl 键单击选择如图 5 - 4 - 9 所示的上下两面（下平面为模型底部与上平面平行的面）。

Step3. 单击"集"按钮进入集操作面板，单击 完全倒圆角 按钮，再单击"驱动曲面"下的 ●选择1个项 ，在模型上选择如图 5 - 4 - 10 所示的曲面作为驱动曲面。

注意：本例中在选择完上下两参考平面后，可直接选择驱动面，系统已经默认选择了"完全倒圆角"。

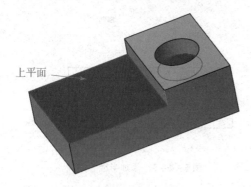

图 5 - 4 - 9　选择上下两面

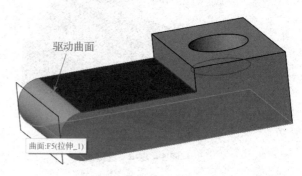

图 5 - 4 - 10　选择驱动曲面

Step4. 单击∞按钮，检查确认后单击✔按钮，完成完全倒圆角的创建。

4. 曲线驱动倒圆角

曲线驱动倒圆角是将圆角沿曲线的曲率形成倒圆角。主要步骤如下。

Step1. 打开光盘中"ch3 - daoyuanjiao. prt"文件，单击"模型"选项卡下的"工程"命令群组中的 ◯"倒圆角"命令按钮，打开"倒圆角"操作面板。

Step2. 单击选择如图 5 - 4 - 11 所示的边。

Step3. 单击"集"按钮进入集操作面板，单击 通过曲线 按钮，在模型上选择如图 5 - 4 - 12 所示的草绘曲线作为驱动曲线。

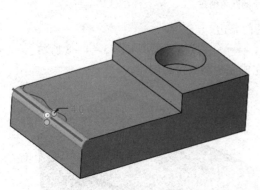

图 5 - 4 - 11　选择边

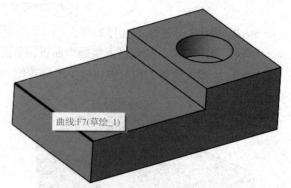

图 5 - 4 - 12　选择驱动曲线

Step4. 单击∞按钮，检查确认后单击✔按钮，效果如图 5 - 4 - 13 所示。

5. 其他倒圆角特征

利用参考，确定倒圆角特征的半径主要方法是在"集"操作面板下选择"参考"驱动半径，如图 5 – 4 – 14 所示，具体流程如图 5 – 4 – 15 所示。

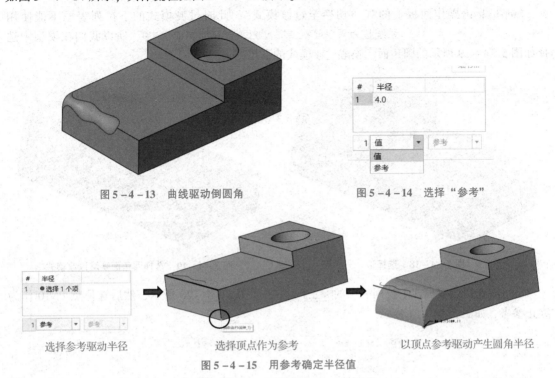

图 5 – 4 – 13　曲线驱动倒圆角

图 5 – 4 – 14　选择"参考"

选择参考驱动半径　　　　　　选择顶点作为参考　　　　　　以顶点参考驱动产生圆角半径

图 5 – 4 – 15　用参考确定半径值

倒圆角截面形式还包括圆锥等其他形式，如图 5 – 4 – 16 所示，输入 0.05 ~ 0.95 的数值可以调整圆锥锐度，如图 5 – 4 – 17 所示为锐度为 0.9 的倒圆角，显然倒圆角已经接近直角，其他类型的倒圆角读者可以自己操作验证，这里不再介绍。

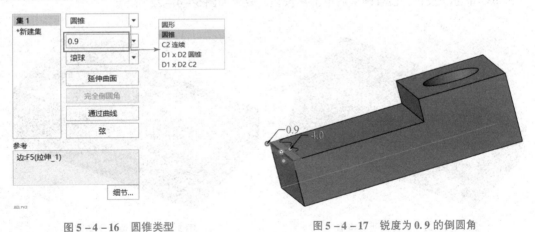

图 5 – 4 – 16　圆锥类型

图 5 – 4 – 17　锐度为 0.9 的倒圆角

4.2.2　倒圆角过渡类型

当模型上的一端点相邻几何同时创建倒圆角时，可以在这些圆角之间创建转接过渡方式。

1. 终止与参考

Step1. 打开光盘中"ch3 – daoyuanjiao. prt"文件，单击"模型"选项卡下的"工程"命令群组中的 🔧 "倒圆角"命令按钮，打开"倒圆角"操作面板。

Step2. 单击选择如图 5 – 4 – 18 所示的边。

Step3. 单击操作面板上的 ⅲ "切换至过渡模式"，此时过渡模式的下拉列表框不能使用 [默认 ▼]，系统提示 ⇨ 从屏幕上或从过渡页的过渡列表中选择过渡，所以我们在模型中选择如图 5 – 4 – 19 所示的圆角面，唤醒过渡模式的下拉列表。

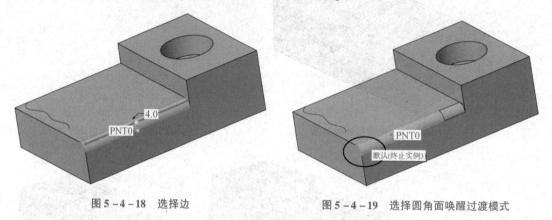

图 5 – 4 – 18　选择边　　　　　　　　　图 5 – 4 – 19　选择圆角面唤醒过渡模式

Step4. 选择过渡模式下拉列表中的 [终止于参考]，如图 5 – 4 – 20 所示，然后选择点 PNT0 作为终止参考，如图 5 – 4 – 21 所示。

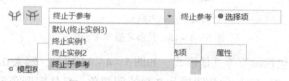

图 5 – 4 – 20　选择：终止于参考

Step5. 单击 ⚭ 按钮，检查确认后单击 ✓ 按钮，效果如图 5 – 4 – 22 所示。

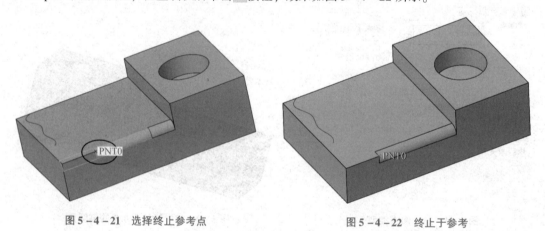

图 5 – 4 – 21　选择终止参考点　　　　　　图 5 – 4 – 22　终止于参考

2. 过渡模式介绍

单击过渡曲面激活过渡类型，然后在过渡模式下拉菜单中选择正确的模式，并设置相关参数，如图 5 – 4 – 23 所示，下面介绍 3 种常用的过渡模式。

● 仅限倒圆角 2

该方式是默认的圆角过渡方式，相当于在用相交转接处理后，再在两个较大的圆角公共边上倒最小的圆角。

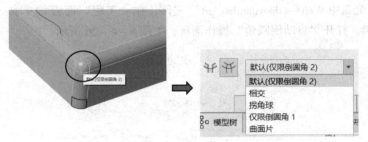

图 5 – 4 – 23　激活过渡模式

● 拐角球

相当于在拐角上用球面来作为过渡，先创建与 3 个面都相切的球面，然后使用 3 个切点作为参考，切出和 3 个圆角作过渡面的边界并使用边界面将其连接，如图 5 – 4 – 23 所示，操控板上可以设置球半径和相应圆角的转接长度。

注意：球半径不能小于 3 个圆角中的最大值，球半径如果小于 3 个圆角中的最大值，不会出现图 5 – 4 – 24 中的设置界面。

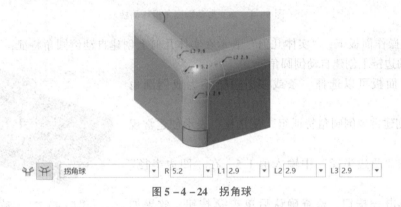

图 5 – 4 – 24　拐角球

● 曲面片

先创建相交转接，在选定的面上投影两条圆角底线的连接圆弧线，并且在 3 个圆角面上创建 3 条曲线，再将这 4 条曲线进行边界混合得到圆角过渡面，如图 5 – 4 – 25 所示。

图 5 – 4 – 25　曲面片

4.2.3　自动倒圆角

自动倒圆角特征最多只能有两个半径，即凸边和凹边各一个圆角值。具体操作步骤如下。

Step1. 打开光盘中"ch3 – daoyuanjiao. prt"文件,在"工程"面板 ⌝倒圆角 ▾ 的下拉菜单中选择 ⚡ 自动倒圆角,打开"自动倒圆角"操作面板,如图5 – 4 – 26所示。

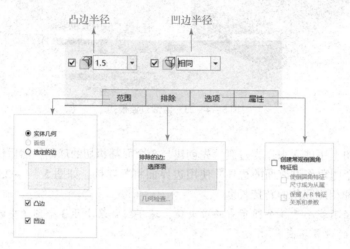

图 5 – 4 – 26 自动倒圆角操作面板

"范围"操作面板下,"实体几何"表示在实体几何上创建自动倒圆角特征,"选定的边"表示在选取的边链上创建自动倒圆角。

"排除"面板可以选择一条或多条边链不生成倒圆角特征。

选中"创建常规倒圆角特征组"复选框,表示创建常规倒圆角。

Step2. 在"凸边半径"中输入值1.5,在"凹边半径"中输入值5。

Step3. 单击 60 按钮,检查确认后单击 ✔ 按钮,效果如图 5 – 4 – 27 所示。

图 5 – 4 – 27 自动倒圆角

4.2.4 边倒角

倒角特征分为"边倒角"和"拐角特征"类型。

单击"工程"命令群组中的 ⌝倒角 按钮,打开"边倒角"操作面板,倒角主要形式有:D×D、D1×D2、角度×D、45×D、O×O 和 O1×O2,如图5 – 4 – 28所示。

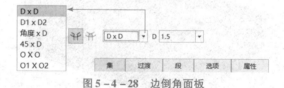

图 5 – 4 – 28 边倒角面板

D×D:在各曲面上与边相距 D 处创建倒角。

D1×D2:在两曲面距选定边分别为 D1、D2 处创建倒角。

角度×D:创建的倒角距离相邻曲面的选定边距离为 D,与该曲面的夹角为指定角度,如果角度为45°的话就是45×D。

O×O:在沿各曲面上的边偏移 O 处创建倒角。

O1×O2：在两曲面距选定边偏移距离为 O1、O2 创建倒角。

下面通过实例介绍边倒角特征创建方法。

Step1. 打开光盘中"ch3 – daoyuanjiao. prt"文件，单击"工程"面板下的 ⌖倒角按钮，打开"边倒角"操作面板，倒角形式选择：D×D，D 为 1.5。

Step2. 按住 Ctrl 键，在模型上单击选择如图 5 – 4 – 29 所示的边，单击"集"按钮打开集面板，单击列表中的"新建集"，新建集 2，选择圆孔的上圆周边，如图 5 – 4 – 30 所示，设置 D 为 3。

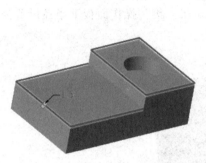

图 5 – 4 – 29　集 1 边　　　　　　　　　　　　　　图 5 – 4 – 30　集 2 边

Step3. 单击∞按钮，检查确认后单击✓按钮，效果如图 5 – 4 – 31 所示。

4. 2. 5　拐角倒角

拐角倒角是指选取角进行切削。

Step1. 打开光盘中"ch3 – daoyuanjiao. prt"文件，在"工程"面板 ⌖倒角的下拉菜单中选择 ◁ 拐角倒角，打开"拐角倒角"操作面板。

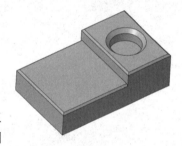

图 5 – 4 – 31　边倒角

Step2. 在模型中单击如图 5 – 4 – 32 所示的顶点，在操作面板上设置值为 20，D 为倒角特征在相应的相交边上与顶点距离。

Step3. 单击∞按钮，检查确认后单击✓按钮，完成拐角倒角 1 的创建，用同样的方法创建拐角倒角 2，效果如图 5 – 4 – 33 所示。

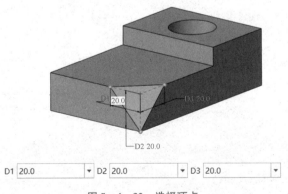

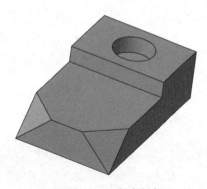

图 5 – 4 – 32　选择顶点　　　　　　　　　　　　　　图 5 – 4 – 33　拐角倒角

4.2.6　拨叉倒角创建

Step1. 单击"工程"面板下的 ⟋倒角 按钮，打开"边倒角"操作面板，倒角形式选择：D×D，D 为 2。

Step2. 在模型上单击选择如图 5 – 4 – 34 所示的边，单击"集"按钮打开集面板，单击列表中的"新建集"，新建集 2，按住 Ctrl 选择筋和拨叉的周边，如图 5 – 4 – 31 所示，设置 D 为 0.8。单击 ✓，完成倒角的创建。

Step3. 单击"模型"选项卡下的"工程"命令群组中的 ⟍ "倒圆角"命令按钮，打开"倒圆角"操作面板，按住 Ctrl 选择模型中连接板的四条边，并在"集"操作面板下半径设置为 2.5，单击 ✓，完成倒圆角创建，效果如图 5 – 4 – 34 所示。

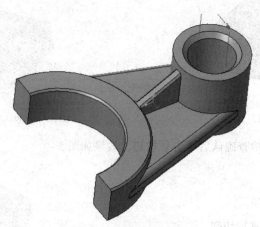

图 5 – 4 – 34　拨叉倒圆角

4.3 任务笔记

编号	5-4	任务名称		倒圆角和倒角特征创建		日期	
姓名		学号		班级		评分	
序号	知识点			学习笔记			备注
1	倒圆角特征创建，包括恒定半径倒圆，可变半径倒圆和完全倒圆角						
2	倒圆角过渡类型						
3	自动倒圆角创建方法						
4	边倒角创建方法						
5	拐角倒角创建方法						

4.4　任务训练

编号	5－4	任务名称	三维模型的绘制	日期	
姓名		学号		班级	评分	

训练内容	题目：按图示尺寸要求绘制三维模型。 内容与要求： 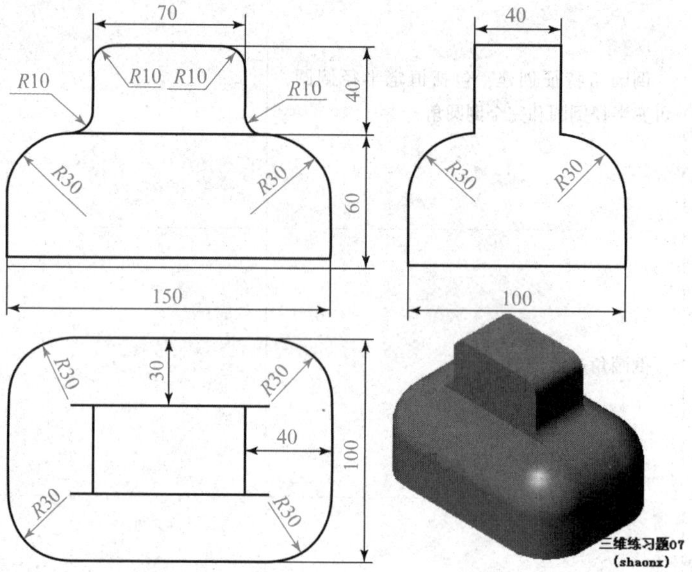 70 R10　R10　R10 R10　　　　　　　　R10 40 R30　　　R30 60 150 40 R30　R30 100 R30　30　R30 40 100 R30　　　R30 三维练习题07 （shaonx）
实施过程	
其他创新 设计方法	
自我评价	
小结	

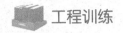

根据图示尺寸绘制三维图形。

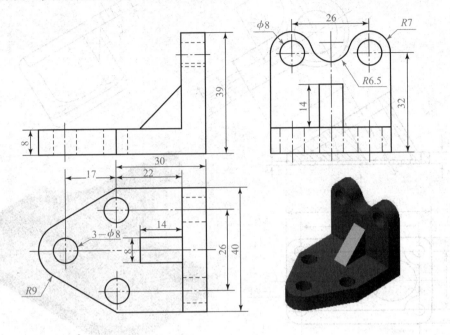

学习成果测验

根据图示尺寸绘制三维图形。

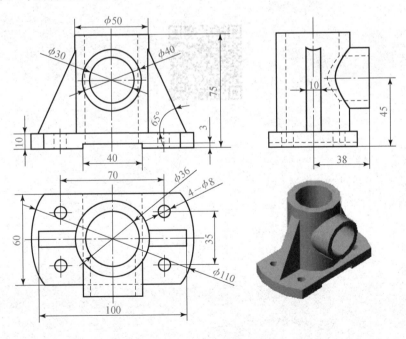

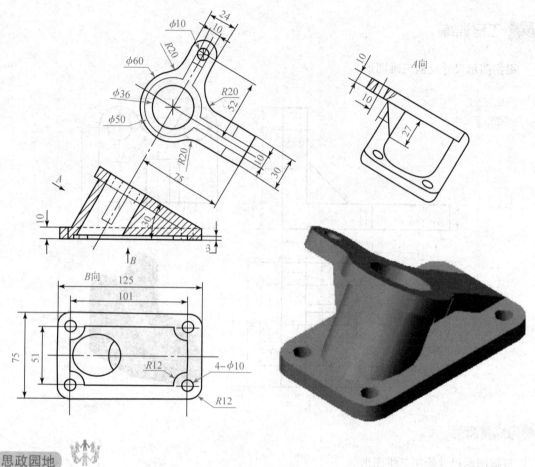

思政园地

项目六　家用遥控器三维创新设计

项目情境：家用遥控器可以红外控制家中的电视机，主要包括了数字按键、方向按键和开关键，其三维模型如下图所示。

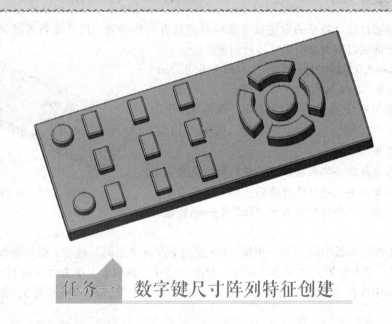

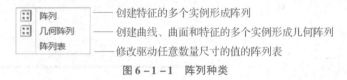

任务一　数字键尺寸阵列特征创建

1.1　任务描述

利用尺寸阵列或方向阵列，完成遥控器数字键的特征编辑，效果如图 6-1-1 所示。

⊞	阵列	—— 创建特征的多个实例形成阵列
⊞	几何阵列	—— 创建曲线、曲面和特征的多个实例形成几何阵列
	阵列表	—— 修改驱动任意数量尺寸的值的阵列表

图 6-1-1　阵列种类

1.2　任务基础知识与实操

特征的阵列是指按照规定的分布形式复制特征，复制完成的阵列副本被称为"实例"，主要应用在创建数量较多、排列规则且形状相同或相近的特征场合。在 Creo5.0 软件中阵列主要有 3 种：阵列、几何阵列、阵列表。

按照阵列特征的阵列方式，可以将其分为以下八种：

- 尺寸：通过使用驱动尺寸并指定阵列的增量变化来创建阵列。

- 方向：通过指定方向、设置阵列增长方向和增量来创建阵列。
- 轴：通过设置阵列的角增量和径向增量来创建径向阵列，也可将阵列拖动形成螺旋形。
- 表：通过使用阵列表并为每一列实例指定尺寸值来控制阵列。
- 参照：参考现有的阵列来创建新阵列。
- 曲线：设置沿曲线的阵列成员的距离或数目来创建阵列。
- 点阵列：通过在草绘点或坐标系上创建阵列成员。
- 填充：用阵列成员来填充区域。

这里本书主要介绍尺寸、方向和轴阵列的使用方法。

一、尺寸阵列

尺寸阵列是通过选择特征的定位尺寸来控制阵列方向和参数，尺寸阵列可以是单向的，也可以是双向。下面通过案例介绍尺寸阵列创建方法。

Step1. 在 Creo 5.0 软件中打开光盘中"ch3 - zhenlie. prt"文件，模型如图 6 - 1 - 2 所示。

Step2. 在模型树中选择阵列的特征：拉伸 3，单击"模型"选项卡中"编辑"面板下的 ⊞ "阵列"按钮，打开阵列操作面板。

注意：在未选择需要阵列特征前，阵列按钮是灰色不能使用；阵列只能对单个特征进行阵列，如果想要对多个特征进行阵列，需将多个特征编为一"组"（group）进行阵列。

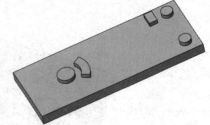

图 6 - 1 - 2　模型图

Step3. 单击操作面板中的 选项 按钮，在 ▾ 按钮下选择"相同"选项。操作面板中阵列类型默认为"尺寸"，单击面板上"尺寸"标签，弹出"尺寸"选项卡，单击"方向1"尺寸栏下的收集器，在模型中选择值为 1.6 的尺寸，并在"增量"栏中输入尺寸增量为3，如图 6 - 1 - 3 所示。

注意： 选项 下重新生成项类型主要有相同、可变和常规。"相同"的主要特点是所有阵列实例大小相同，"可变"阵列的实例大小可以变化且实例间不相交，系统对"常规"实例不做要求，读者可优先选用"常规"。

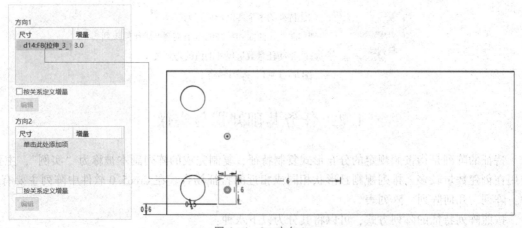

图 6 - 1 - 3　方向 1

Step4. 单击"方向2"尺寸下的~~单击此处添加项~~，然后在模型中选取数值为6的尺寸，并在"增量"栏中输入尺寸增量为-3，如图6-1-4所示。

注意：通过设定增量值的正负号来设置排列的方向。

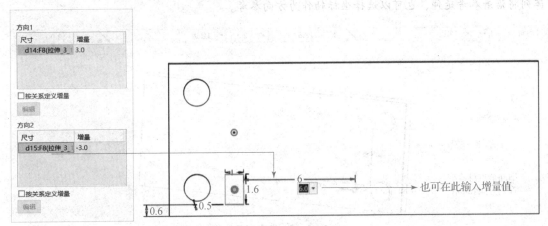

图6-1-4　方向2

Step5. 在操控面板上输入尺寸"1"和尺寸"2"的阵列个数都为3，如图6-1-5所示，此时模型中的黑点代表阵列后实例的位置，如果单击黑点将其变为白色，则表示取消此处的阵列。

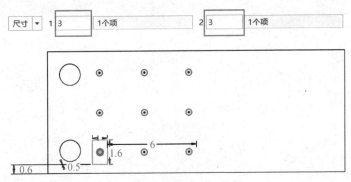

图6-1-5　设置阵列个数

Step6. 检查确认后单击 ✓ 按钮完成尺寸阵列创建，效果如图6-1-6所示。

注意：阵列特征不能直接使用"删除"命令来删除，如果想保留原始特征，需使用"删除阵列"命令来删除。

二、方向阵列

方向阵列需要选择参考来确定阵列方向，如果参考为平面，阵列将垂直于参考延伸，如果参考是边或轴，阵列将沿着参考延伸。下面通过案例对方向阵列进行介绍。

Step1. 在 Creo 5.0 软件中打开光盘中"ch3 – zhenlie. prt"文件，在模型树中选择要阵列的特征：拉伸3，单击"模型"选项卡中"编辑"面板下的 ▦ "阵列"按钮，打开阵列操作面板。

图6-1-6　尺寸阵列

Step2. 操作面板中阵列类型选择为"方向"，单击如图6-1-7所示的边为第一方向的阵列参考，个数设置为3，间隔设置为2.6，单击方向2中~~单击此处添加项~~，在模型中选择如图6-1-7

所示变为方向2的阵列参考，个数设置为3，间隔设置为3。

注意：双击模型上的间隔尺寸，可修改间隔；阵列方向可以通过拖动黄点滑块，或者间隔设置正负号来确定；阵列方向参考如果是平面或平曲面，阵列将垂直于参考延伸，如果是轴或边，阵列将沿着参考延伸，也可以选择坐标轴作为方向参考。

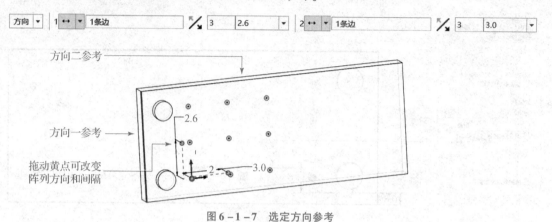

图 6 - 1 - 7　选定方向参考

Step3. 检查确认后单击 ✔ 按钮完成方向阵列创建，效果和图 6 - 1 - 6 一样。

1.3 任务笔记

编号	6-1	任务名称		阵列特征的创建		日期	
姓名		学号		班级		评分	
序号	知识点			学习笔记			备注
1	阵列特征的主要类型						
2	尺寸阵列方向尺寸的选择						
3	方向阵列方向参考的选择						
4	尺寸阵列编辑特征的创建						
5	方向阵列编辑特征的创建						

1.4 任务训练

编号	6-1	任务名称		三维模型的绘制		日期	
姓名		学号		班级		评分	

训练内容	题目：按图示尺寸要求绘制三维图形。 内容与要求：
实施过程	
其他创新 设计方法	
自我评价	
小结	

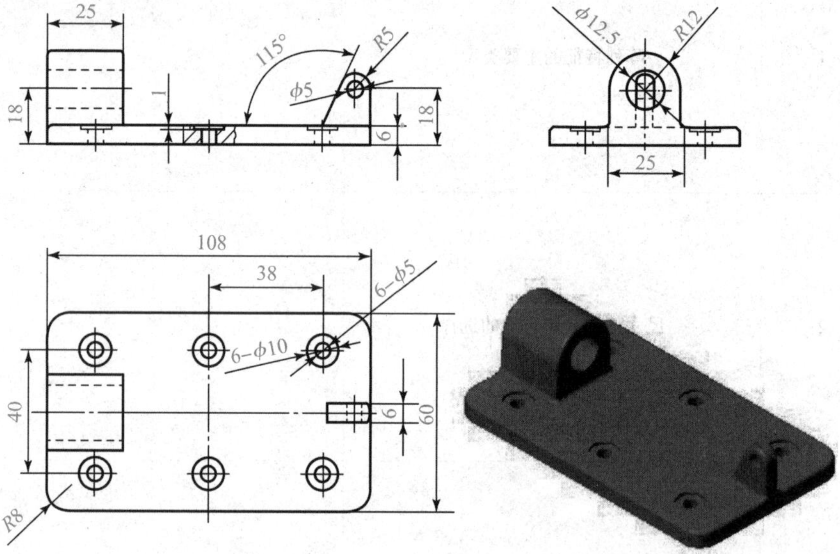

任务二　方向键轴阵列特征创建

2.1　任务描述

利用轴阵列编辑命令，完成方向按键的绘制。

2.2　任务基础知识与实操

用于创建环形阵列，该阵列也有两个方向：圆周方向和半径方向。下面通过实例讲解轴阵列步骤。

Step1. 打开项目六任务一完成的方向阵列的模型，在模型树中选择要阵列的特征：拉伸5，单击 ⊞ "阵列"按钮，打开阵列操作面板，在操作面板中阵列类型选择为"轴"。

Step2. 选择拉伸5的中心轴线 A_3 为阵列参考轴，如图6-2-1所示。

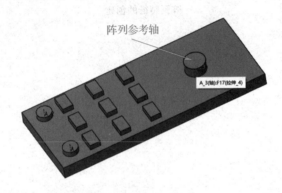

图6-2-1　阵列参考轴

Step3. 在操控面板上设置第一方向的阵列个数为4，成员间的角度设置为90，单击 ✔ 按钮完成轴阵列创建，如图6-2-2所示。

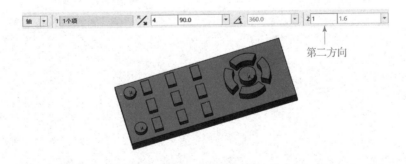

图6-2-2　轴阵列

注意：第二方向为径向阵列设置，设置效果如图6-2-3所示。

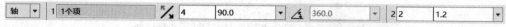

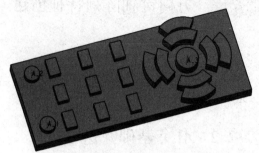

图 6 - 2 - 3　第二方向设置效果

阵列特征的创建

2.3 任务笔记

编号	6-2	任务名称		阵列特征的创建		日期	
姓名		学号		班级		评分	
序号	知识点			学习笔记		备注	
1	轴阵列参考轴选择						
2	轴阵列圆周方向设置						
3	轴阵列半径方向设置						
4	轴阵列编辑特征的创建						

2.4 任务训练

编号	6-2	任务名称		三维模型的绘制		日期	
姓名		学号		班级		评分	
训练内容		题目：按图示尺寸要求绘制三维图形。 内容与要求： 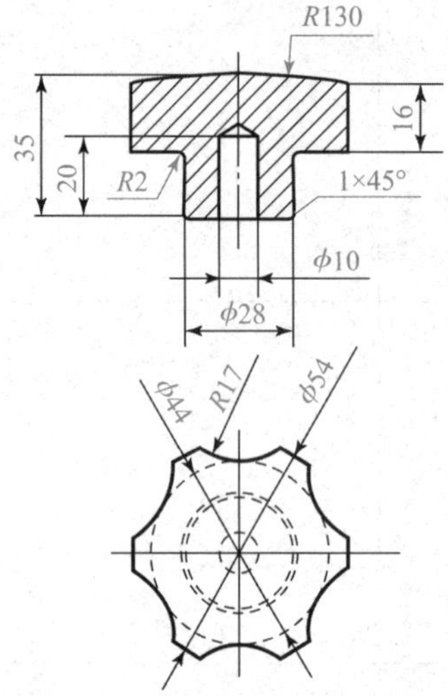  					
实施过程							
其他创新设计方法							
自我评价							
小结							

3.1　任务描述

利用倒圆角命令，将遥控器的按钮进行倒圆，使按键更加光滑，效果如图6-3-1所示。

图6-3-1　遥控器模型

3.2　任务基础知识与实操

Step1. 打开项目六任务二完成的轴阵列的模型，单击"工程"面板下的 📐倒角 按钮，打开"边倒角"操作面板，倒角形式选择：D×D，D为0.1。

Step2. 按住Ctrl键，在模型上单击选择如图6-3-2所示的拉伸1的边，单击"集"按钮打开集面板，单击列表中的"新建集"，新建集2，选择项目六中的任务二和任务三所绘制的阵列按钮的边，如图6-3-3所示，设置D为0.06。单击"确定"，完成倒角绘制，效果如图6-3-1所示。

图6-3-2　集1

图6-3-3　集2

3.3 任务笔记

编号	6-3	任务名称		倒圆角特征的创建		日期		
姓名		学号		班级		评分		
序号		知识点			学习笔记			备注
1		倒角特征的创建						
2		倒圆角特征的创建						
3		特征集的新建						

3.4 任务训练

编号	6-3	任务名称		三维模型的绘制	日期	
姓名		学号		班级	评分	
训练内容	题目：按图示尺寸要求绘制三维图形。 内容与要求： 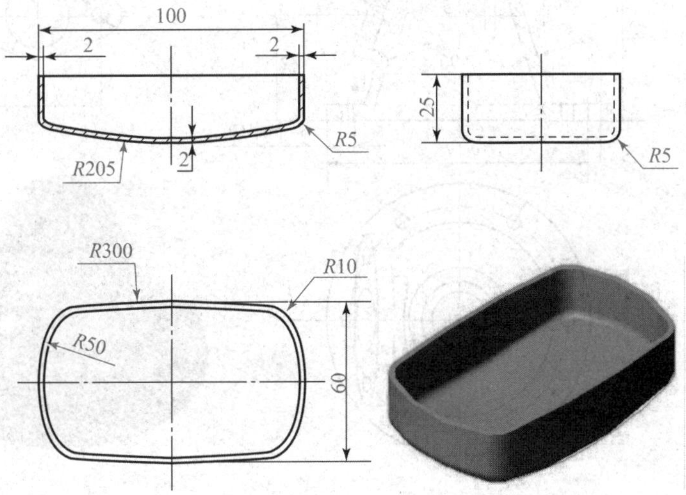 					
实施过程						
其他创新 设计方法						
自我评价						
小结						

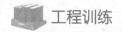

根据图示尺寸绘制三维图形。

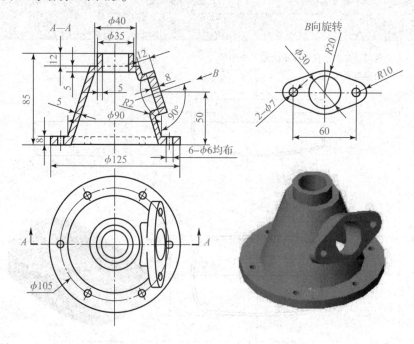

学习成果测验

根据图示尺寸绘制三维图形。

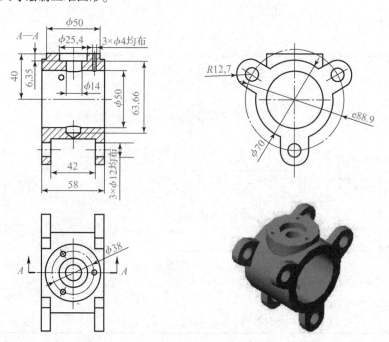

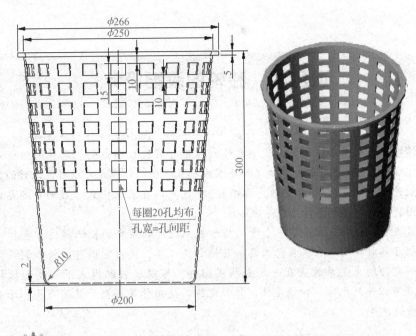

每圈20孔均布
孔宽=孔间距

项目七　独轮的装配设计

项目情境：一个产品往往是由多个零件的组合（装配）而成的，零件的组合是在装配模块中完成的。Creo 5.0 软件集成了一个装配模式，使用该模式可以将设计好的零件装配成一个组件（如半成品或完整的产品模型），也可以在装配模式下规划产品结构，管理组件视图，以及新建和设计元件等。

在 Creo 5.0 软件中，配置了一个专门用于装配设计的模块。装配模块（也称"组件模块"）提供了各种实用的基本装配工具和其他相关工具，使用它们可以将已经设计好的零件按照一定的约束关系放置在一起来构成组件，可以在装配模式下新建和设计零件（元件），还可以阵列元件、镜像元件、替换元件、使用骨架模型、使用布局、检查各零件间的干涉情况等。

任务一　元件的装配约束

1.1　任务情境

在 Creo 5.0 软件中，可以采用两种参数化的装配方法来装配零部件，即使用放置约束（其实是用户定义约束集）和连接装配（连接装配其实就是使用预定义的约束集）。在实际的装配设计中，可以根据产品的结构关系、功能和设计要求来综合判断采用哪种装配方法，例如，当要装配进来的零件或子组件作为固定件时，可采用放置约束的方法使其在组件中完全约束；当要装配进来的零件或子组件相对于组件作为活动件时，一般采用连接装配的方法。不管采用哪种装配方法，都是在"元件放置"选项卡中进行选择和设置的，如图 7-1-1 所示。

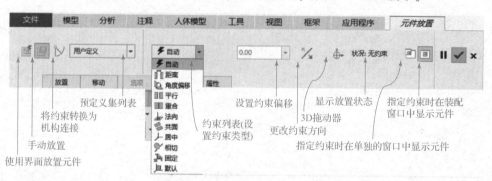

图 7-1-1　"元件放置"选项卡

放置约束指定了一对参照的相对位置，一个元件通过装配约束添加到装配体中后，它的位置会随着与其有约束关系的元件改变而相应改变，而且约束设置值作为参数可随时修改，并可与其他参数建立关系方程，这样整个装配体实际上是一个参数化的装配体。

而放置约束的关系类型（简称约束类型）主要包括"自动""距离""角度偏移""平行""重合""法向""共面""居中""相切""固定""默认"，这些可以从"元件放置"选项卡的约束列表中选择。用户也可以在"元件放置"选项卡的"放置"面板中选择约束类型及进行相关放置操作。

1.2 任务基础知识与实操

1.2.1 约束类型

1. "距离"约束

"距离"约束可使两个装配元件中的平面或基准平面互相平行，通过输入间距值控制平面之间的距离。如图7-1-2所示，选择平面或基准平面作为约束参照。

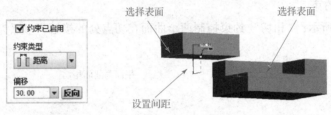

图7-1-2 "距离"约束

2. "重合"约束

"重合"约束可以将两个元件上的两个点、面、线重合，当使两个平面重合时可以切换装配方向，使两平面法线相同或相反，如图7-1-3所示。也可以选择回转曲面、平面、直线及轴线作为参照，但是参照需为同一类型。对于两个回转曲面，"重合"约束使二者轴线重合。

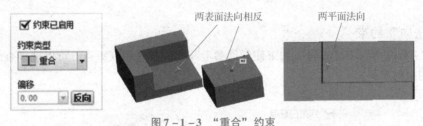

图7-1-3 "重合"约束

3. "角度偏移"约束

如图7-1-4所示，"角度偏移"是约束两个元件中的两个平面之间的角度，也可以约束边与边、边与面之间的角度。但是，需要在创建角度约束时创建一个约束用于指定角度的中心。

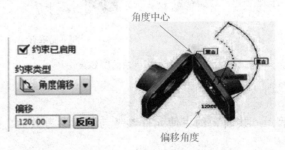

图7-1-4 "角度偏移"约束

4. "平行"约束

如图 7-1-5 所示,"平行"约束可以定义两个装配元件中的平面平行,也可以约束线与线、线与面平行。

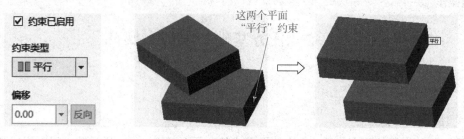

图 7-1-5 "平行"约束

5. "相切"约束

如图 7-1-6 所示,"相切"约束控制两个曲面在切点处的接触,参照为两个曲面,或曲面与平面。

图 7-1-6 "相切"约束

6. "法向"约束

如图 7-1-7 所示,"法向"约束使元件参考与装配参考相互垂直,可以选择直线、平面等作为装配约束的参照。

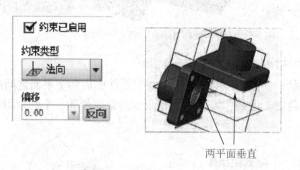

图 7-1-7 "法向"约束

7. "共面"约束

如图 7-1-8 所示,"共面"约束使元件参考与装配参考共面,选择直线、轴线等作为参照。

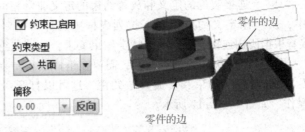

图 7 - 1 - 8 "共面"约束

8. "居中"约束

如图 7 - 1 - 9 所示,"居中"约束使元件参考与装配参考同心,选择两个回转曲面作为参考,使二者轴线重合。

图 7 - 1 - 9 "居中"约束

9. "固定"约束

如图 7 - 1 - 10 所示,使用该约束方式,将被移动或封装的元件固定在当前位置。常用于装配模型中的第一个元件的装配方式。

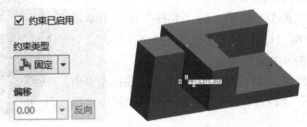

图 7 - 1 - 10 "固定"约束

10. "默认"约束

"默认"约束也称为"缺省"约束,可以用该约束将元件上的默认坐标系与装配环境的默认坐标系重合。当向装配环境中引入第一个元件时,常常对该元件实施这种约束形式。

1.2.2 连接装配

连接装配主要考虑了机构运动的要素,它是使用预定义约束集来定义元件在组件中的运动。预定义约束集包含用于定义连接类型(有或无运动轴)的约束,而连接定义特定类型的运动。使用预定义约束集放置(装配)的元件一般是有意地未进行充分约束,以保留一个或多个自由度。在 Creo5.0 软件中,连接装配是对产品结构进行运动仿真和动力学分析的前提。本教材只对连接装配作一般性的介绍。

连接装配的类型主要有"刚性""销""滑块""圆柱""平面""球""焊缝""轴承""常

规""6DOF""万向""槽"。连接装配的定义和放置约束的定义非常相似，即在功能区出现的"元件放置"选项卡中，从"预定义约束集"下拉列表框中选择所需要的连接类型选项，如图 7-1-11 所示，接着根据所选连接类型选项的特定约束要求，分别在组件中和要装配元件中指定约束参照。例如，当选择"滑块"连接类型时，需要在组件中和要装配元件中选择合适的参照来定义两个约束："轴对齐"约束和"旋转"约束，这可以打开"元件放置"选项卡的"放置"面板来辅助操作，如图 7-1-12 所示。

图 7-1-11 "预定义约束集"列表框

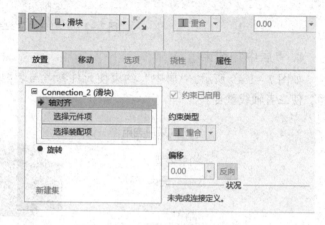

图 7-1-12 定义"滑块"连接类型

下面通过一个范例来说明连接装配的一般应用方法和步骤。

Step1. 在"快速访问"工具栏中单击"打开"按钮，弹出"文件打开"对话框，选择配套学习文件"ch4-ljzp. asm"，然后单击"文件打开"对话框中的"打开"按钮。该组件中存在着如图 7-1-13 所示的元件。

Step2. 在功能区"模型"选项卡的"元件"面板中单击"装配"按钮，弹出"打开"对话框，选择"ch4-ljzp-b. prt"配套文件，单击"打开"按钮。

Step3. 在功能区出现"元件放置"选项卡，在该选项卡中打开"预定义约束集"下拉列表框，并从该下拉列表框中选择"销"选项。

图 7-1-13 原始组件

Step4. 打开"放置"面板，首先定义"轴对齐"约束。在组件中选择 A_1 特征轴，接着在"ch4-ljzp-b. prt"元件中也选择 A_1 轴，如图 7-1-14 所示。

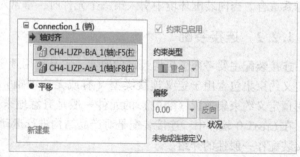

图 7-1-14 定义轴对齐

Step5. 自动切换到"平移"定义状态，即在"放置"面板的"集"列表中切换到"平移"定义项。分别选择组件参照（装配项）和元件参照（元件项），注意此时默认的约束类型为"重合"。

在这里，可以在"放置"面板的"约束类型"下拉列表框中选择"距离"选项，然后在"偏移"文本框中设置偏移距离为30，如图7-1-15所示。

图7-1-15　定义"平移"

如果需要，还可以在"放置"面板的集列表中选择"旋转轴/运动轴"，然后在其属性区域定义元件运动限制。

Step6. 在"元件放置"选项卡中单击"完成"按钮 ✔，完成该"销"连接装配的操作，结果如图7-1-16所示。

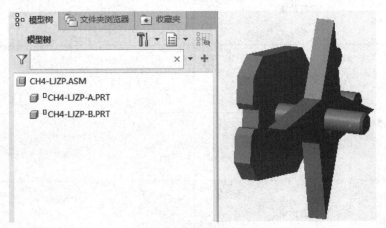

图7-1-16　"销"连接结果

元件的装配约束

1.3 任务笔记

编号	7-1	任务名称	元件的装配约束		日期	
姓名		学号		班级	评分	
序号	知识点		学习笔记			备注
1	距离约束					
2	重合约束					
3	角度偏移约束					
4	平行约束					
5	相切约束					
6	法向约束					
7	共面约束					
8	居中约束					
9	固定约束					
10	默认约束					

1.4 任务训练

编号	7-1	任务名称	元件的装配约束		日期	
姓名		学号		班级	评分	

训练内容	题目：打开"07_01_ch1.asm"文件。按图所示，应用装配约束将分开的零件装配为一体。请问在完成装配后，模型以07_01_Base模型的坐标系为整个模型的坐标系，试在此坐标系下计算几何重心的X坐标值是多少？ 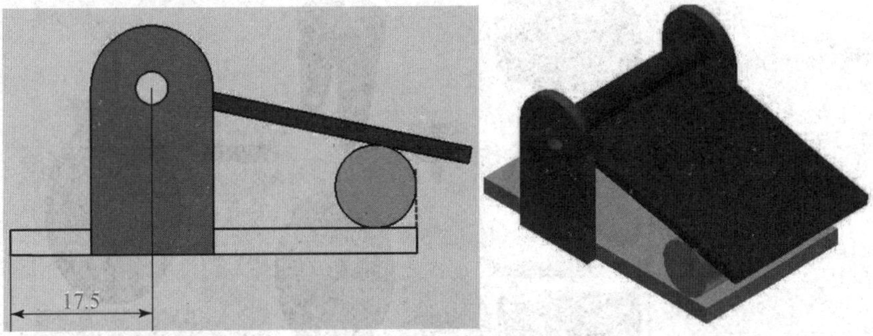
实施过程	
其他创新 设计方法	
自我评价	
小结	

任务二　独轮的装配创建

2.1　任务情境

独轮车是日常生活中常见的一种工具，常见于杂技表演等，在很多儿童玩具中也常见到，下面以一个装配体模型——独轮为例（图7-2-1），说明装配体创建的一般操作步骤。

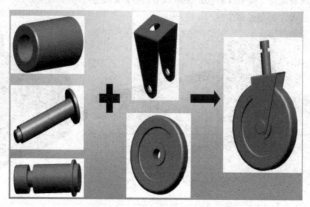

图7-2-1　独轮装配示意图

2.2　任务基础知识与实操

1. 新建一个装配文件

Step1. 在"快速访问"工具栏中单击"新建"按钮，弹出"新建"对话框。

Step2. 在"类型"选项组中选择"装配"单选按钮，在"子类型"选项组中选择"设计"单选按钮，在"名称"文本框中输入新的名称"ch4-dlxc"，取消勾选中"使用默认模板"复选框，然后再单击"确定"按钮，弹出"新文件选项"对话框。

Step3. 在"模板"选项组中选择公制模板"mmns-asm-design"，然后单击"确定"按钮，进入新装配的设计界面。

完成这一步操作后，系统进入装配模式（环境），此时在图形区可看到三个正交的装配基准平面。

2. 装配第一个零件

Step1. 在功能区"模型"选项卡的"元件"面板中单击"组装"按钮，系统弹出"打开"对话框。

"元件"区域及"组装"菜单中的几个命令说明如下。

● 组装：将已有的元件（零件、子装配件或骨架模型）装配到装配环境中。用"元件放置"对话框可将元件完整地约束在装配件中。

● 创建：选择此命令，可在装配环境中创建不同类型的元件，如零件、子装配件、骨架模型及主体项目，也可创建一个空元件。

● 重复：使用现有的约束信息在装配中添加一个当前选中零件的新实例，但是当选中零件以"默认"或"固定"约束定位时无法使用此功能。

● 包括：选择此命令，可在活动组件中包括未放置的元件。

● 封装：选择此命令，可将元件不加装配约束地放置在装配环境中，它是一种非参数形式的元件装配。

● 挠性：选择此命令，可以向所选的组件添加挠性元件。

Step2. 此时系统弹出文件"打开"对话框，在"打开"对话框中通过浏览来打开"part1.prt"文件。

Step3. 完全约束放置第一个零件。完成上步操作后，系统弹出如图 7－2－2 所示的元件放置操控板，在该操控板中单击"放置"按钮，在其界面的"约束类型"下拉列表中选择"默认"选项，将元件按默认放置，此时操控板中显示的信息为"状况：完全约束"，说明零件已经完全约束放置，单击操控板中的 ✔ 按钮。

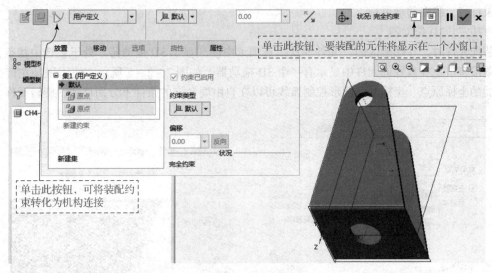

图 7－2－2 "元件放置"操控板

注意：还有如下两种完全约束放置第一个零件的方法。

● 选择"固定"选项将其固定，完全约束放置在当前的位置。

● 也可以让第一个零件中的某三个正交的平面与装配环境中的三个正交的基准平面（ASM_TOP、ASM_FRONT 和 ASM_RIGHT）重合，以实现完全约束放置。

"放置"界面中各按钮的说明如图 7－2－3 所示。

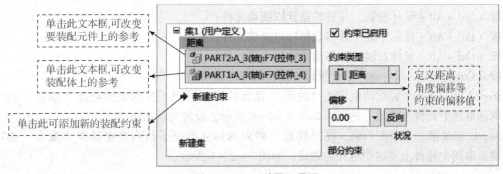

图 7－2－3 "放置"界面

3. 装配第二个零件

Step1. 引入第二个零件，单击"模型"功能选项卡"元件"区域中的"组装"按钮 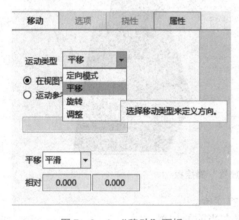；然后在弹出的文件"打开"对话框中选取，单击零件模型"part2. prt"文件打开按钮。

Step2. 放置第二个零件前的准备

第二个零件被引入后，可能与第一个零件相距较远，或者其方向和方位不便于进行装配放置。解决这个问题的基本方法有以下几种。

方法一：移动元件

在"元件放置"选项卡中打开"移动"面板，如图7-2-4所示，使用该面板，可以以"定向模式""平移""旋转""调整"这些运动方式之一来移动正在放置的元件。

方法二：右键方式

右键单击要操作的元件，然后从快捷菜单中选择"移动元件"命令，在图形窗口中单击并释放鼠标键，接着移动鼠标。

方法三：3D 拖动器

装配元件时，在功能区的"元件放置"选项卡中使"显示3D拖动器"处于被选中状态，这样在图形窗口正在放置的元件中显示有一个3D拖动器，如图7-2-5所示，使用鼠标左键按住拖动器的坐标原点、坐标轴、圆形控制弧线可以在自由度允许的条件下分别移动、旋转元件。

图7-2-4 "移动"面板

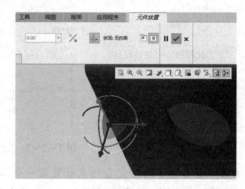

图7-2-5 使用3D拖动器移动元件

方法四：键盘快捷方式

选择要放置的元件打开以后，出现"元件放置"选项卡，此时可以使用以下方式来移动元件。

按（Ctrl + Alt + 鼠标左键）并移动指针以拖动元件；

按（Ctrl + Alt + 鼠标中键）并移动指针以旋转元件；

按（Ctrl + Alt + 鼠标右键）并移动指针以平移元件；

按（Ctrl + Shift）组合键并单击鼠标中键，启用定向模式。

Step3. 定义第一个装配约束，在"放置"界面的约束类型下拉列表中选择"重合"选项，再分别选取两个元件上要重合的面，如图7-2-6所示，设置为反向重合。

Step4. 定义第二个装配约束，在"放置"界面的约束类型下拉列表中选择"重合"选项，再分别选取两个元件上要居中对齐的轴线，如图7-2-7所示。

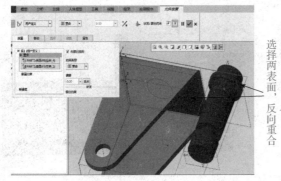
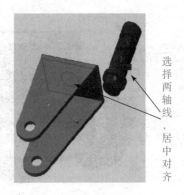

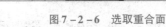

| 图7-2-6 选取重合面 | 图7-2-7 选取轴线对齐 |

注意：在本例中选择两轴线"重合"或两回转曲面"居中"，其效果一致。

Step5. 单击"元件放置"操控板中的 ✔ 按钮，完成第二个零件的装配如图7-2-8所示。

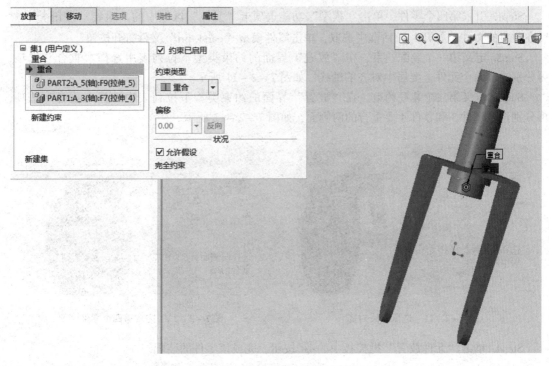

图7-2-8 完成第二个零件装配

4. 装配第三个零件

Step1. 引入第三个零件，单击"模型"功能选项卡"元件"区域中的"组装"按钮 ；然后在弹出的文件"打开"对话框中选取，单击零件模型"part3.prt"文件打开按钮。

Step2. 定义第一个装配约束，在"放置"界面的约束类型下拉列表中选择"重合"选项，再分别选取两个元件上要居中对齐的轴线，如图7-2-9所示。

Step3. 定义第二个装配约束，在"放置"界面的约束类型下拉列表中选择"距离"选项，再分别选取两个元件上要设置偏距的面，输入偏移值为1，如图7-2-10所示。

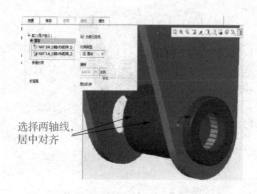

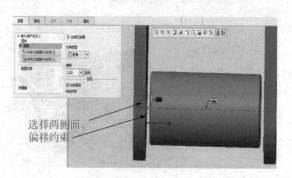

图 7 – 2 – 9 选取轴线对齐   图 7 – 2 – 10 完成第三个零件装配

Step4. 单击"元件放置"操控板中的 ✔ 按钮，完成该零件的装配。

5. 装配第四个零件

Step1. 引入第四个零件，单击"模型"功能选项卡"元件"区域中的"组装"按钮 ；然后在弹出的文件"打开"对话框中选取，单击零件模型"part4. prt"文件打开按钮。

Step2. 定义第一个装配约束，在"放置"界面的约束类型下拉列表中选择"重合"选项，再分别选取两个元件上要居中对齐的轴线，如图 7 – 2 – 11 所示。

Step3. 定义第二个装配约束，在"放置"界面的约束类型下拉列表中选择"重合"选项，再分别选取零件 3 和零件 4 要重合的两侧面，如图 7 – 2 – 12 所示。

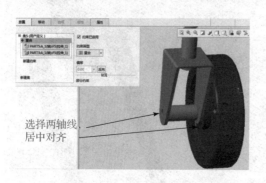

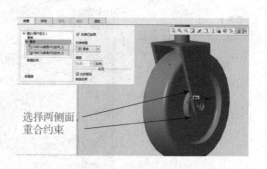

图 7 – 2 – 11 选取轴线对齐   图 7 – 2 – 12 完成第四个零件装配

Step4. 单击"元件放置"操控板中的 ✔ 按钮，完成该零件的装配。

6. 装配第五个零件

Step1. 引入第五个零件，单击"模型"功能选项卡"元件"区域中的"组装"按钮 ；然后在弹出的文件"打开"对话框中选取，单击零件模型"part5. prt"文件打开按钮。

Step2. 定义第一个装配约束，在"放置"界面的约束类型下拉列表中选择"重合"选项，再分别选取两个元件上要居中对齐的轴线，如图 7 – 2 – 13 所示。

Step3. 定义第二个装配约束，在"放置"界面的约束类型下拉列表中选择"重合"选项，再分别选取零件 1 和零件 5 要重合的两侧面，如图 7 – 2 – 14 所示。

Step4. 单击"元件放置"操控板中的 ✔ 按钮，完成所创建的装配体。

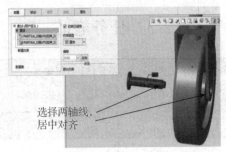

选择两轴线、
居中对齐

图 7 - 2 - 13　选取轴线对齐

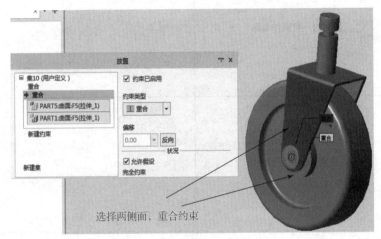

选择两侧面、重合约束

图 7 - 2 - 14　完成第五个零件装配

独轮的装配创建

2.3 任务笔记

编号	7-2	任务名称		独轮的装配创建		日期	
姓名		学号		班级		评分	
序号	知识点			学习笔记			备注
1	装配的一般操作步骤						
2	元件放置操控板的使用						
3	放置零件前的准备工作						
4	移动元件的命令						
5	各约束类型的正确运用						

2.4　任务训练

编号	7-2	任务名称		独轮的装配创建		日期	
姓名		学号		班级		评分	

训练内容	题目：打开配套的"07_02.asm"文件。按图所示，应用装配约束将分开的零件装配为一体。请问在完成装配后，模型以07_01_Base模型的坐标系为整个模型的坐标系，试在此坐标系下计算几何重心的 X 坐标值是多少？ 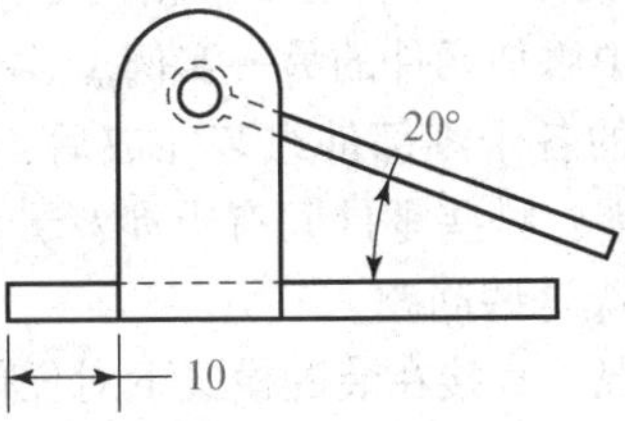 
实施过程	
其他创新设计方法	
自我评价	
小结	

3.1　任务情境

在装配模式下，"阵列"工具也可以使用，例如，使用阵列工具来装配具有某种规律排布的多个相同元件。在组件中阵列元件的方法简述为：先选择在合适的位置处装配好的一个元件，接着执行"阵列"工具命令来装配余下的相同元件。阵列元件比常规方法一个一个地组装这些元件要方便快捷的多。

在装配模式下，使用"重复"功能来一次装配多个相同零部件是很实用的，所谓"重复"功能是指使用现有约束信息在此装配中添加元件的另一实例。

在实际的产品设计中，当产品中的各个零部件组装完成后，设计人员往往比较关心产品中各个零部件间的干涉情况：有没有干涉？哪些零件间有干涉？干涉量是多大？通过"检查几何"子菜单中的"全局干涉"命令可以解决这些问题。

在装配模式下，可以根据设计情况，直接在装配模式下对任何元件（包括零件和子装配体）进行以下操作：元件的打开与删除、尺寸的修改、元件装配约束偏距值修改、元件装配约束的重定义等，这些操作命令一般从模型树中进行。

3.2　任务基础知识与实操

3.2.1　阵列元件的一般操作步骤

Step1. 在"快速访问"工具栏中单击"打开"按钮，弹出"文件打开"对话框，选择本教材配套的学习文件"ch4 – gg. asm"，然后单击对话框中的"打开"按钮，如图 7 – 3 – 1 所示的挂钩原始组件。

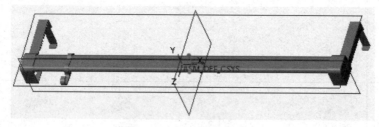

图 7 – 3 – 1　挂钩原始组件

Step2. 在图形窗口中选择已经装配好的挂钩零件，该挂钩是以"滑块"连接方式装配的。

Step3. 在功能区"模型"选项卡的"修饰符"面板中单击"阵列"按钮⊞，打开"阵列"选项卡。

Step4. 在"阵列"选项卡的阵列类型下拉列表框中选择"方向"选项，如图 7 – 3 – 2 所示，并默认选中"1"框中的"平移"图标选项。

Step5. 选择 ASM_RIGHT 基准平面作为方向"1"的参照，设置方向"1"的成员数为 10，输入相邻阵列成员间的间距为 50，如图 7 – 3 – 3 所示。

图 7 - 3 - 2　阵列选项卡

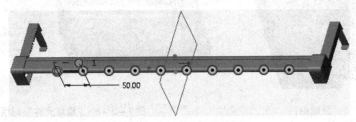

图 7 - 3 - 3　设置参照及参数

Step6. 在"阵列"选项卡中单击"完成"按钮 ✔，完成所有挂钩的阵列操作，得到最终的效果如图 7 - 3 - 4 所示。

图 7 - 3 - 4　完成元件阵列

3.2.2　重复放置元件的一般操作步骤

要使用"重复"功能，需要先在组件中按照常规方法（如放置约束方法）装配一个用于重复复制的元件，装配好该元件后选择它，接着在功能区"模型"选项卡的"元件"面板中单击"重复"按钮 ↻，利用打开的"重复元件"对话框定义可变装配参考，并在组件（装配体）中选择新的装配参考来自动添加新元件等，可继续定义参照放置直到将元件的所有实例放置完毕为止。

下面介绍一个重复放置元件的操作范例。

Step1. 在"快速访问"工具栏中单击"打开"按钮，弹出"文件打开"对话框，选择本教材配套的范例学习文件"ch4 - cfzp. asm"，然后单击对话框中的"打开"按钮。如图 7 - 3 - 5 所示的原始组件。

Step2. 选择螺钉零件"ch4 - ld. prt"。

Step3. 在功能区"模型"选项卡的"元件"面板中单击"重复"按钮 ↻，打开"重复元件"对话框。

Step4. 在"可变装配参考"选项组的列表中，选择要改变的装配参考。在这里选择第 2 行的"重合"，即选择第 2 个"重合"所在的参考行，如图 7 - 3 - 6 所示。

Step5. 在"重复元件"对话框的"放置元件"选项组中单击"添加"按钮。

Step6. 选择新的装配参考，所选新装配参考将出现在"重复元件"对话框的"放置元件"列表中。在这里，系统在状态栏中出现"为新元件事件从装配选择要插入的旋转曲面"的提示信息，在该提示下的图形窗口中分别选择装配组件中的其余 4 个孔的内圆柱面。生成的每一个实例都显示为"放置元件"列表中的一行。

图7-3-5 原始组件   图7-3-6 "重复元件"对话框

说明：如果要删除出现的元件，则可以在"重复元件"对话框的"放置元件"列表中选择该元件所在的行，然后单击"移除"按钮即可。

Step7. 在"重复元件"对话框中单击"确定"按钮，完成新元件的重复放置，效果如图7-3-7所示。

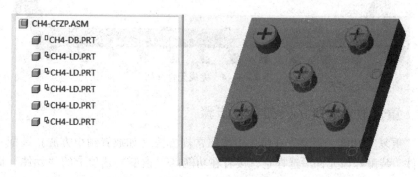

图7-3-7 完成新元件的重复放置

3.2.3 干涉分析一般操作步骤

Step1. 在"快速访问"工具栏中单击"打开"按钮，弹出"文件打开"对话框，选择范例学习文件"ch4-dlxc.asm"，然后单击对话框中的"打开"按钮。

Step2. 在装配模块中，选择"分析"功能选项卡"检查几何"区域节点下的"全局干涉"命令。

Step3. 在系统弹出的"全局干涉"对话框中单击"分析"选项卡。

Step4. 由于"设置"区域中的"仅零件"单选项已经被选中（接受系统默认的设置），所以此步操作可以省略。

Step5. 单击"分析"选项卡下部的"预览"按钮。

Step6. 在图7-3-8所示的"分析"选项卡的"结果"区域中可看到干涉分析的结果：相互干涉的零件名称以及干涉的体积大小。单击相应的干涉项，则可以在模型上看到干涉的部位以红色加亮的方式显示（如图7-3-9所示编号为1的干涉部位）。如果装配体中没有干涉的元件，则系统在信息区显示"没有干涉零件"。

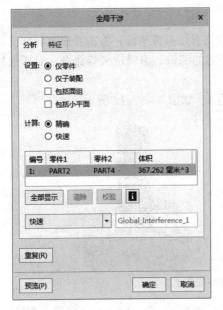

图 7 - 3 - 8 "全局干涉"对话框

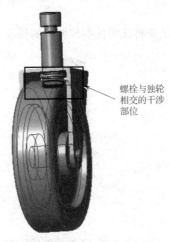

螺栓与独轮
相交的干涉
部位

图 7 - 3 - 9 装配干涉检查

3.2.4 修改装配体中的元件

在装配模式下,可以根据设计情况,直接在装配模式下对任何元件(包括零件和子装配体)进行以下操作:元件的打开与删除、尺寸的修改、元件装配约束偏距值修改、元件装配约束的重定义等,这些操作命令一般从模型树中进行。

下面以学习文件"ch4 - dlxc. asm"中的"part2. prt"零件为例,说明其操作方法。

Step1. 在装配模型树界面中选择 **T!** "树过滤器"命令,如图 7 - 3 - 10 所示在弹出的"模型树项目"对话框中选中"显示"选项组下的"特征"复选框,这样每个零件中的特征都将在模型树中显示。

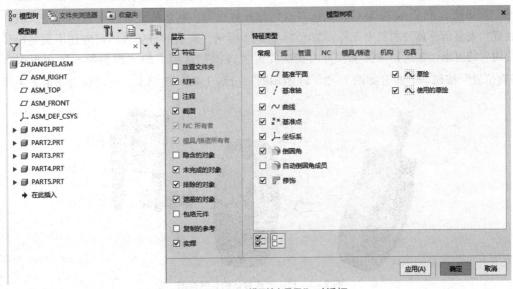

图 7 - 3 - 10 "模型树项目"对话框

Step2. 单击模型树中"part2. prt"零件前面的 ▶ 符号。

Step3. 此时该零件中的特征显示出来，但图中没有显示基准平面；右击要修改的特征，如选择拉伸4，系统弹出快捷菜单，可从该菜单中选取所需的编辑、编辑定义等命令，对所选特征进行相应操作。

Step4. 如果要将该零件中拉伸4的深度由3改为1，如图7-3-11所示。

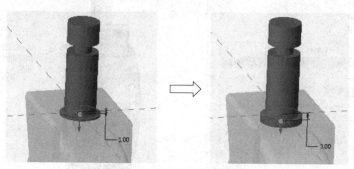

图 7 - 3 - 11 　修改特征尺寸

Step5. 在"深度"文本框中重新输入数值1，然后按 Enter 键，再单击"完成"按钮 ✔。

Step6. 装配模型重生成，creo5. 0软件会自动对修改后的零件进行"重新生成"操作，最后得到更新以后的新装配体。

说明：装配模型修改后，必须进行"重新生成"操作，否则模型不能按修改的要求更新。单击模型功能选项卡操作"区域"中的按钮 ，也可以重新生成模型。

3.2.5　创建分解视图

组件中的分解视图又称"爆炸视图"，就是将装配体中的各零部件沿着直线或坐标轴移动或旋转，使各个零件从装配体中分解出来。创建好的分解视图，可以帮助工程技术人员直观、快捷地了解产品内部结构和各零部件之间的关系。

要分解组件视图，可以在功能区中切换"视图"选项卡并从"模型显示"面板中单击"分解图"按钮 ，则 Creo5. 0软件以默认方式创建分解视图。默认的分解视图根据元件在组件中的放置约束显示分离开的每个元件，如图7-3-12所示。默认的分解视图可能还不满足设计者或使用者的要求，在这种情况下，可以在功能区"视图"选项卡的"模型显示"面板中单击"编辑位置"按钮 ，打开如图7-3-13所示的"分解工具"选项卡，使用该选项卡来为指定

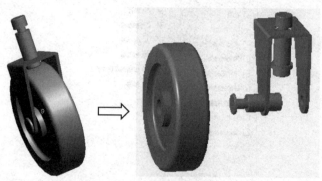

图 7 - 3 - 12 　生成默认的分解视图

元件定义位置，需要进行这些操作：选定运动类型（平移、旋转或沿视图平面移动），选择要移动的元件，设置运动参考及运动选项，使用鼠标将元件或元件组拖动到所需位置等。既可以单独为每个元件定义分解位置，也可以将两个或更多元件作为一个整体来移动。

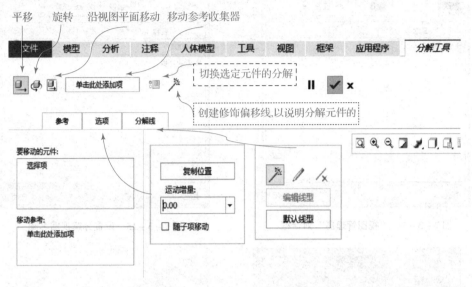

图 7 – 3 – 13 "分解工具"选项卡

如果要将视图返回到其以前未分解的状态，则再次单击"分解视图"按钮以取消其选中状态即可。

另外，使用视图管理器同样可创建分解视图和修改分解视图，并可保存在组件中设置的一个或多个分解视图，以便以后调用命名的分解视图。

下面结合范例（原始文件为"ch4 – dlxc. asm"）介绍使用视图管理器创建和保存新的分解视图。

Step1. 打开原始文件后，在功能区"模型"选项卡的"模型显示"面板中单击"管理视图"按钮，或者在功能区"视图"选项卡的"模型显示"面板中单击"管理视图"按钮，系统弹出"视图管理器"对话框，切换到"分解"选项卡，如图 7 – 3 – 14 所示。

Step2. 在"视图管理器"对话框的"分解"选项卡中单击"新建"按钮。

Step3. 此时在出现的一个文本框中提供分解视图的默认名称，如图 7 – 3 – 15 所示，也可以自行输入一个新名称，按 Enter 键确认。

Step4. 如图 7 – 3 – 16 所示，在"视图管理器"对话框中单击"编辑位置"按钮，系统弹出"分解工具"选项卡。

Step5. 在功能区的"分解工具"选项卡中单击"平移"按钮，结合 ctrl 键选择需要移动的子零件，则在图形窗口中出现拖动控制滑块，如图 7 – 3 – 17 所示。

Step6. 在带拖动控制滑块的坐标系中选择所需的一个轴，按住鼠标左键将其沿着该轴拖动到合适的位置处释放，如图 7 – 3 – 18 所示。

Step7. 在功能区的"分解工具"选项卡中单击"完成"按钮。

Step8. 返回"视图管理器"对话框，此时的"分解"选项卡如图 7 – 3 – 19 所示。

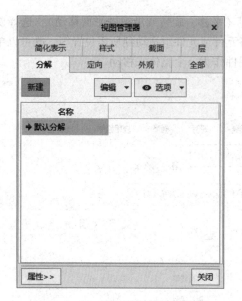

图 7 - 3 - 14 "视图管理器"对话框

图 7 - 3 - 15 设置分解视图名称

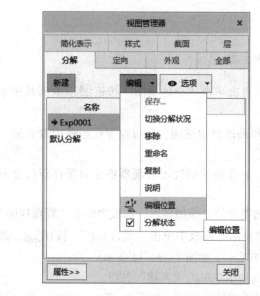

图 7 - 3 - 16 单击"编辑位置"按钮

图 7 - 3 - 17 选择要分解的元件

说明：元件列表中的 ⬚ 表示分解，而 ⬚ 表示未分解。可改变选定元件的分解状态，其方法是在元件列表中选择该元件，接着单击可用的"切换状态"按钮即可。

Step9. 在"视图管理器"对话框中单击"列表"按钮 << 列表，返回"视图管理器"对话框的分解视图列表。

Step10. 在"视图管理器"对话框的"分解"选项卡中单击"编辑"按钮，打开一个下拉菜单，从中选择"保存"命令，如图 7 - 3 - 20 所示。

Step11. 系统弹出"保存显示元素"对话框，确保勾选"分解"复选框，并从该复选框右侧的下拉列表框中选择新分解视图名称，如图 7 - 3 - 21 所示，然后在"保存显示元素"对话框中单击"确定"按钮。

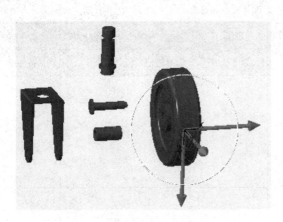

图 7 – 3 – 18 沿着指定轴平移

图 7 – 3 – 19 返回"视图管理器"

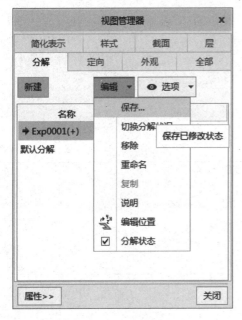

图 7 – 3 – 20 分解视图"保存"命令

图 7 – 3 – 21 "保存显示元素"对话框

3.3　任务笔记

编号	7 – 3	任务名称	装配体检查与修改		日期	
姓名		学号		班级	评分	
序号		知识点		学习笔记		备注
1		线性阵列的一般操作步骤				
2		圆周阵列的一般操作步骤				
3		重复放置元件的一般操作步骤				
4		干涉分析一般操作步骤				
5		装配元件的尺寸修改				
6		分解视图的创建过程				

3.4　任务训练

编号	7 – 3	任务名称	装配体检查与修改		日期	
姓名		学号		班级	评分	

训练内容	题目：打开"07_03_01.prt"文件。如图所示复制指定特征到零件的右面。请问这个零件的体积是多少（mm³）？
实施过程	
其他创新 设计方法	
自我评价	
小结	

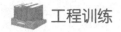 工程训练

题目：打开"huqian. asm"文件，创建如图习题 1 所示的分解视图。

图习题 1　创建分解视图

 学习成果测验

一、选择题

1. Creo 5. 0 软件中装配图是以什么格式保存的？（　　　）

A. #. prt　　　　　　　　　B. #. asm　　　　　　　　　C. #. sec　　　　　　　　　D. #. drw

2. 通常情况下，一个模型的基础特征是以（　　　）为参照开始建立的。

A. 基准　　　　　　　　　B. 坐标系　　　　　　　　　C. 草绘　　　　　　　　　D. 平面

3. 关于装配中下列叙述正确的是哪个？（　　　）

A. 装配中将要装配的零部件数据都放在装配文件中

B. 装配中只引入零部件的位置信息和约束关系到装配文件中

C. 装配产生的爆炸视图将去除零部件间的约束

D. 装配中不能直接修改零件的几何拓扑形状

4. 以下述说错误的是（　　　）。

A. 完成装配体创建后可任意更改零件的文件名

B. 使用匹配或对齐约束时，可对偏距输入负值

C. 爆炸图即可由系统自动定义，也可人工定义

D. 可在装配环境下创建新零件

5. 在工程图模块中，"页面"的作用是（　　　）。

A. 图框设置　　　　　　　　　　　　　　　　　B. 表格设置

C. 页面效果设置　　　　　　　　　　D. 图纸页面的添加、删除、切换等

6. 打开组装零件选项的方法是（　　）。

A. 插入/装配/元件　　　　　　　　　B. 插入/元件/装配

C. 插入/文件/装配　　　　　　　　　D. 插入/装配/文件

7. 装配组件时使用对齐约束不可以是（　　）。

A. 使样条曲线重合　　　　　　　　　B. 使实体平面或基准平面平行且指向相同

C. 使点与点重合　　　　　　　　　　D. 使基准轴共线

8. 装配组件时利用连接面板可指定适当的连接方式，为了使两个组件既可实现旋转运动又可实现平移运动，则应该选择（　　）。

A. 刚性　　　　　　B. 销钉　　　　　　C. 平移　　　　　　D. 圆柱

9. 要将一条边和一个曲面对齐，通过将一个元件上作为参照的边落在另一个图元的某一参照面上，或者该面的延伸面来约束两者之间的关系，需要施加（　　）约束。

A. 匹配　　　　　　　　　　　　　　B. 对齐

C. 曲面上的点　　　　　　　　　　　D. 曲面上的面

二、简答题

1. 放置约束和连接装配分别用在什么场合？它们分别包括哪些具体的类型？

2. 在组件中装配相同零件的方法主要有哪几种？它们分别包括哪些具体的类型？

3. 在组件中替换元件的形式包括哪几种？

4. 什么是分解视图？如何使用视图管理器来创建和保存命名的分解视图？

5. 使用Creo5.0软件建立装配体的主要流程是什么？

思政园地

项目八 传动轴工程图的创建

项目情境：A 企业员工小王按照甲方要求设计完成了齿轮箱传动轴三维样品模型，在模型以三维模型格式文件交给甲方后，甲方反映该企业员工需要二维工程图进行详细评定，依据甲方要求，小王该如何将三维图形转换为二维工程图？

虽然三维模型设计已经在产品研发、制造过程中得到了广泛应用，但是工程图仍是工业设计最终输出的重要形式，它是产品设计、制造过程中的重要环节。

任务一 新建传动轴工程图

1.1 任务描述

利用 Creo5.0 软件工程图模块，创建基于传动轴三维模型的工程图。

1.2 任务基础知识与实操

1.2.1 工程图简介

使用 Creo5.0 软件工程图模块，可以创建 Creo 三维模型的工程图，根据设计要求生成三视图、辅助视图、剖视图等多种视图，同时利用注解来注释工程图，为图形标注尺寸。

工程图模块可以根据一定规范和标准，定制合适的工程图模板或定义统一的工程图格式等。另外，模块还可以将工程图文件输出与其他 CAD 软件进行传输交流。

创建工程图的一般过程如下：

1. 新建工程图文件

Step1. 单击"新建"按钮，系统弹出"新建"对话框。

Step2. 在对话框中，选择新建的文件类型为"绘图"。

Step3. 输入新建文件的文件名，根据要求选择模型和工程图图框格式或模板。

注意：本章节介绍的案例不设置统一的工作目录，读者根据自己使用习惯在电脑中设置工作目录，便于工程图的绘制。

2. 创建视图

Step1. 创建主视图及其投影视图，包括左视图、俯视图等。

Step2. 根据要求创建详细视图、辅助视图等。

Step3. 调整视图位置、设置视图的显示模式，便于模型的表达。

3. 添加尺寸标注

Step1. 显示模型尺寸，将多余尺寸删除，添加必要的草绘尺寸。

Step2. 添加必要的尺寸公差。

Step3. 创建基准，进行几何公差标注，标注表面粗糙度。

4. 校核图纸，确认保存文件

下面对工程图的工作界面进行简要说明，如图 8 - 1 - 1 所示。

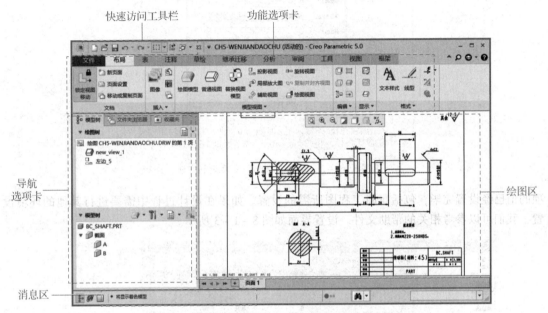

图 8 - 1 - 1　工程图工作界面

1.2.2　工程图环境设置

我国国家标准（GB）对工程图的绘制做出了相应的规范要求，正确地配置系统文件可以使工程图符合我国国家标准，下面介绍文件配置方法。

工程图环境设置主要有两种方法，第一是设置有与工程图相关的"config. pro"配置文件选项，第二是设置后缀名为".dtl"的绘图配置文件。其中"config. pro"配置文件主要是控制 Creo5.0 软件系统运行的环境和界面，当然也包括工程图模块的运行环境；绘图配置文件".dtl"则控制工程图中相关变量。

本书随书光盘中"Creo5.0_system_file"提供了符合我国国家标准的配置文件"config. pro"，读者可以按照以下步骤进行设置。

Step1. 将随书光盘中的"Creo5.0_system_file"文件夹复制到 C 盘，注意不能复制到其他盘中，"config. pro"中相关文件路径已经制定。

Step2. 将"Creo5.0_system_file"文件夹中的"config. pro"文件复制到 Creo 5.0 的启动目录下，具体操作如图 8 - 1 - 2 所示。

Step3. 重新启动 Creo 5.0 软件，选择"文件"下拉菜单中的文件按钮下的 选项命令，在弹出的 **Creo Parametric 选项** 对话框中选择**配置编辑器**选项，进入软件环境设置。由于在 Step2 中已经将设置好的"config. pro"复制到启动目录中，所以我们会看到"配置编辑器"中部分选

右击桌面Creo图标，显示Creo 5.0属性，找到起始位置，复制其路径，将"config.pro"复制到此路径的文件下

图 8 – 1 – 2 "config. pro" 文件复制方法

项的值已经设置完毕，包括我们工程图所需的设置。如果在设计过程中需要进行其他的环境设置，我们可以参考相关的帮助文件。设置界面如图 8 – 1 – 3 所示。

工程图的环境设置已经通过本书提供的"config.pro"文件完成

图 8 – 1 – 3 "配置编辑器" 设置界面

Step4. 单击"配置编辑器"设置界面中的"确定"按钮，如添加新的环境设置，需重启Creo5.0软件后配置才可生效。

此外，在进入工程图环境以后，可以通过下拉菜单"文件"–"准备"–"绘图属性"来设置工程图的相关变量，如图 8 – 1 – 4 所示是"绘图属性"对话框，点击"详细信息"选项后的"更改"按钮进入选项对话框，如图 8 – 1 – 5 所示。

图 8-1-4 "绘图属性"对话框

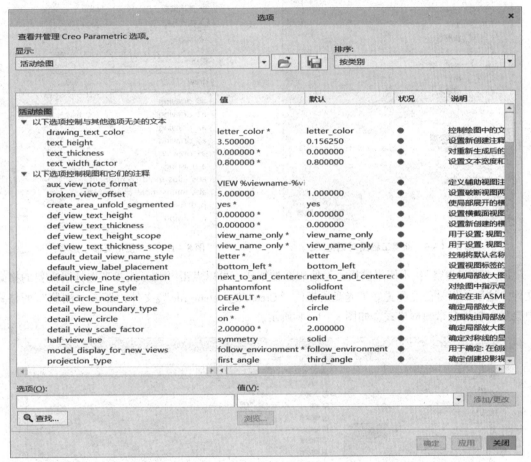

图 8-1-5 选项对话框

读者可以通过学习各选项后的说明来设置相应工程图中的变量，例如 text_height 可以设置工程图文本高度，drawing_units 可以设置绘图参数的单位。

1.2.3 新建工程图

Step1. 在工具栏中单击"新建"按钮 。

Step2. 在"新建"对话框中，选择文件类型为"绘图"，在"文件名"一栏后输入新的工程图文件名，将"使用默认模板"的勾号取消，最后单击确定，如图 8-1-6 所示。

Step3. 在"新建绘图"对话框中选取适当的工程图模板或图框格式，具体操作如下。

（1）在"默认模型"选项组中可以通过点击 浏览... 按钮来选取模型文件，系统也会自动选取当前活动的模型。

（2）在"指定模板"选项组中有三个选项，其主要功能如下：

a）"使用模板"：如图8-1-7所示，创建工程图时，使用系统自带或自己存储的工程图模板。

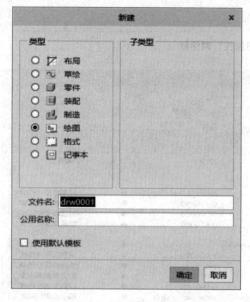

图8-1-6 新建工程图对话框

图8-1-7 "使用模板"选项

b）"格式为空"：不使用模板，但使用图框格式，可以点击 浏览... 按钮来选择所需要的格式文件。这里如果是已经配置好了光盘所带的"Creo5.0_system_file"文件，那么"浏览"的格式中会显示软件自带图框格式，如图8-1-8所示。

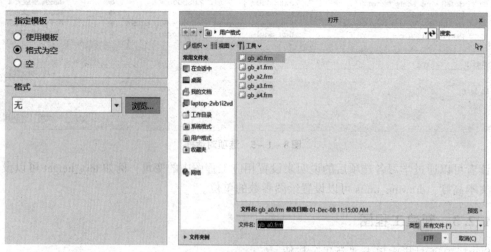

图8-1-8 "格式为空"选项

c）"空"：既不使用模板，也不使用图框格式。如图8-1-9所示，"空"选项可以调整放置方向和图纸尺寸，如果是非标准尺寸，可以选择"方向"中"可变"选项，然后在"大小"中输入需要的高度和宽度。

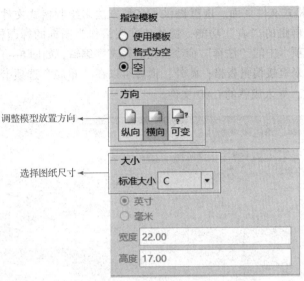

图 8 – 1 – 9　"空"选项

Step4. 最后单击"确定"按钮，进入工程图环境。

在绘制工程图前，为了提高绘图工作效率和更好地适应用户的使用要求，可以先创建工程图格式文件（包括图框、标题栏、企业标志等）。具体操作步骤如下。

Step1. 在工具栏中单击"新建"按钮 [新建]。

Step2. 在弹出的"新建对话框"中，选择新建的类型为"格式"，如图 8 – 1 – 10 所示。修改文件名，点击"确定"按钮。

Step3. 在弹出"新格式"对话框中，如图 8 – 1 – 11 所示。指定模板有 2 个选项，第一 ○ 截面空 是指用现有格式指定页面，第二是 ○ 空 选项，这里我们选择"空"选项，然后选择"横向""A4"，当然读者可以根据实际绘图要求选择合理的"方向"和"大小"。选择完毕后点击"确定"。

图 8 – 1 – 10　新建格式文件

图 8 – 1 – 11　"新格式"对话框

Step4. 进入绘制格式文件页面。这里提供了多种方法来绘制格式文件：可以通过"表"选项卡中的"表"命令群组的"表"功能，快速建立表格作为图框的标题栏，如图 8 – 1 – 12 所示；通过"注释"选项卡中的"注释"命令群组进行文字编辑，如图 8 – 1 – 13 所示；也可以通过"草绘"命令群组来直接编辑表格；此外，读者可以在"布局"选项卡下的"插入"命令群组中的 导入绘图/数据 ，导入成熟的 CAD 文件。

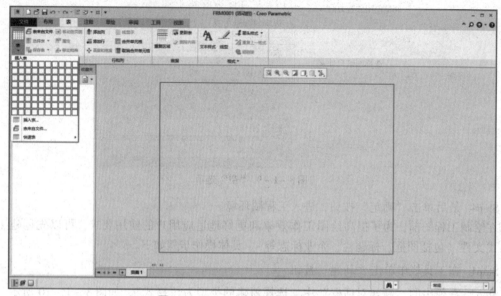

图 8 – 1 – 12 "表"命令群组建立表格

图 8 – 1 – 13 "注释"命令群组输入文字

Step5. 最后在文件下拉菜单中选择"保存"或者"另存为"，保存成".frm"格式的文件。

工程图基础

1.3　任务笔记

编号	8-1	任务名称		创建标准工程图		日期	
姓名		学号		班级		评分	
序号	知识点			学习笔记			备注
1	工程图工作界面认识						
2	工程图环境设置方法						
3	新建工程图模板：使用模板						
4	新建工程图模板：格式为空						
5	新建工程图模板：空						

1.4 任务训练

编号	8 – 1	任务名称		工程图的创建		日期	
姓名		学号		班级		评分	
训练内容	题目：选择我们项目五完成的拨叉模型，完成工程图的创建。 内容与要求： 完成工程图的环境设置，选择合适的三维实体，按照正确步骤新建工程图。						
实施过程							
其他创新 设计方法							
自我评价							
小结							

2.1　任务描述

本任务主要学习创建和调整基本的工程视图，根据情况创建剖视图、局部放大图和辅助视图，根据要求创建传动轴的相关视图。

2.2　任务基础知识与实操

2.2.1　工程图视图的创建与调整

根据我国相关机械制图的国家标准，我们使用主视图、俯视图和左视图的三视图体系，这里我们以光盘中"ch5 – xiangti. prt"模型为例，介绍主视图和投影视图的创建过程。

1. 创建主视图

Step1. 按照项目八 1. 2. 3 新建工程图步骤操作，在 Step3 中，我们选择的模型为光盘提供的"ch5 – xiangti. prt"，"指定模板"选项中我们选择"格式为空"，如图 8 – 2 – 1 所示，在"浏览"的格式选择中，我们选择已经通过"config. pro"加载的 GB _a3 图框，如果读者没有配置"config. pro"文件，可以直接在"指定模板"中选择"空""横向""A3"，如图 8 – 2 – 2 所示。选择完毕后点击"确定"，进入工程图模块。

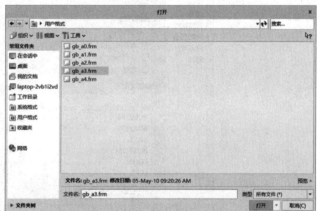

图 8 – 2 – 1　新建绘图选择 a3 格式

Step2. 打开工程图绘制页面，在"布局"选项卡"模型视图"命令群组中直接点击 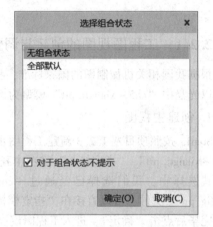 命令，如果出现"选择组合状态"对话框，可以直接按照图 8－2－3 所示操作。读者也可以通过右击绘图区，在弹出的快捷菜单中选择 普通视图(E) 来完成此操作。

图 8－2－2　新建绘图选择"空"模板

图 8－2－3　选择组合状态

Step3. 在 选择绘图视图的中心点。提示出现后，选择 a3 图框中适当位置进行左击，系统弹出如图 8－2－4 所示的"绘图视图"对话框，同时在鼠标点击位置放置选择的模型。

图 8－2－4　"绘图视图"对话框

"绘图视图"对话框中"类别"列表框内包含8个选项，下面介绍其中5个选项的具体功能。

（1）视图类型

"视图类型"选项卡主要用于定义视图名称、类型和方向，其3个部分的内涵如下。

"视图名"：修改视图名称。

"类型"：更改视图类型，视图类型主要有常规、投影、详细、辅助、旋转、复制并对其展开板层，本教材下面章节会详细介绍其中部分类型的创建过程。注意第一次创建"一般视图"时，类型为"常规"不能修改，再建立其他类型的视图，原本的类型"常规"就可以修改了。

"视图方向"：更改当前方向，主要定向方法如下。

● 查看来自模型的名称：使用来自模型的已保存视图定向。从"模型视图名"列表框中可选取相应的模型视图，可以使用系统自带的视图来定向，也可以使用已保存的视图定向，具体方法：进入三维绘图环境，在绘图区域点击"视图管理器" ，在"视图管理器"窗口添加"定向"，如图8-2-5所示。

注意：双击不同的视图名，图框内的模型就会自动定向，如图8-2-6所示。在"默认方向"这一下拉菜单里，我们一般默认为"等轴测"，如有其他需要可选择"斜轴测"或"用户定义"。

图8-2-5 新建"定向"

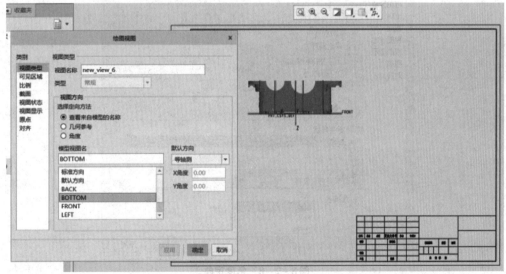

图8-2-6 视图类型选择

● 几何参考：使用来自绘图中预览模型的几何参考来定向。在对话框"参考"的下拉菜单中有前、后、上、下等多个选项可以选择，选择合适方向，然后在模型中选择所需的表面，如果选不到，可以在左边模型树中选择。如图8-2-7所示。

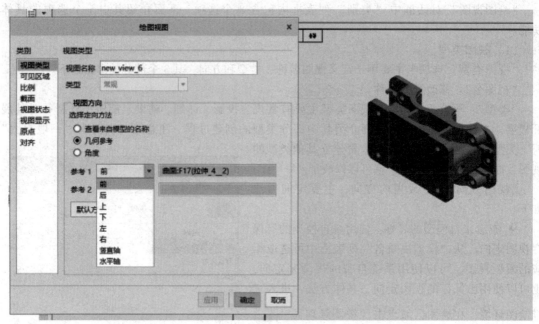

图 8 - 2 - 7　几何参考定向

● 角度：使用选定的参考角度或者定制角度定向。如图 8 - 2 - 8 所示，"参考角度"列表中可以添加或减少相应的参考，"旋转参考"和"角度"可以在下面设置。

图 8 - 2 - 8　角度定向

（2）可见区域

"视图可见性"下拉菜单可选择全视图、半视图、局部视图和破断视图，如图 8 - 2 - 9 所示，并且能在 Z 方向上修剪视图。

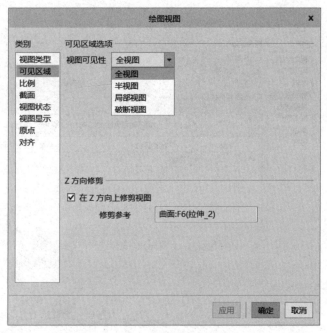

图 8 – 2 – 9 "可见视图"选项卡

（3）比例

"比例"选项卡用来设置视图和透视图的比例，读者可以选择默认比例，也可以按照需求"自定义比例"，如图 8 – 2 – 10 所示。

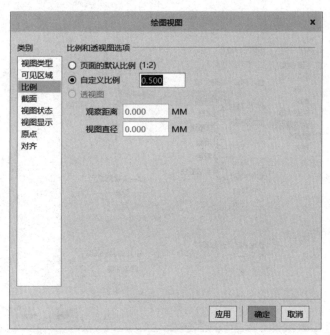

图 8 – 2 – 10 "比例"选项卡

（4）截面

"截面"选项卡是用来绘制工程图中的剖面图。如图 8 – 2 – 11 所示，如果需要创建剖视图，选择"2D 横截面"，可在三维模型里添加剖面，也可以在创建"2D 横截面"时添加。

图 8-2-11 "截面"选项卡

(5) 视图显示

"视图显示"选项卡用来设置显示的线型。下面我们来介绍各个功能选项。

- "显示样式": 其下拉菜单选项如图 8-2-12 所示。各选项的功能如下。

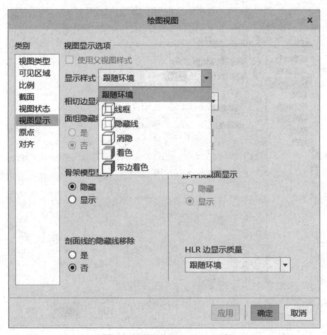

图 8-2-12 "显示样式"下拉菜单

跟随环境: 原本保留的显示模型几何的方式。

线框: 以线框形式显示所有边。

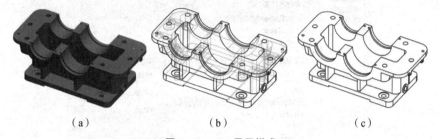 隐藏线：可见的边以实线显示，不可见的边线以虚线显示。

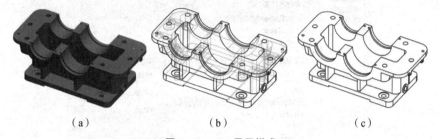 消隐：不可见的边都不显示。

 着色：显示着色视图。

下面举例说明显示样式区别，如图 8-2-13（a）为着色；（b）为隐藏线；（c）为消隐。

图 8-2-13　显示样式

（a）着色；（b）隐藏线；（c）消隐

同时，我们也可以通过操作"视图工具栏"中的"显示样式"来调整绘图所需的显示模式，如图 8-2-14 所示。

● "相切边显示样式"：定义在模型中显示相切边的方式，如图 8-2-15 所示，"无"表示不显示相切边，"实线"表示显示相切边，"灰色"和"中心线"表示以灰色和中心线显示相切边。一般情况下，我们选择"无"。

图 8-2-14　视图工具栏

图 8-2-15　相切边显示样式

● "面组隐藏线移除"：选择是否移除面组的隐藏线。

● "骨架模型显示"：定义是否显示骨架模型。

● "剖面线的隐藏线移除"：定义是否启用或禁用剖面线的隐藏线。

● "颜色来自"：定义绘图查找颜色指定的位置，绘图——绘图颜色由绘图设置决定，模型——绘图颜色由模型设置决定。

Step4. 在"绘图视图"对话框中，"视图方向"选择原有模型的 bottom 面，如图 8-2-16 所示，读者也可以自行根据需要添加其他定向，最后点击"确定"，完成主视图的创建。

2. 创建投影视图

投影视图是主视图沿水平或垂直方向的正交投影，一般包括左右视图、俯视图和仰视图。下面介绍创建投影视图的一般步骤。

Step1. 根据 2.2.1 操作步骤建立的主视图，然后右击，系统弹出快捷菜单，选择菜单中的"投影视图"，如图 8-2-17 所示。同时，在"布局"选项卡的"模型视图"命令群组中选择 投影视图 ，也可以创建投影视图。

图 8 – 2 – 16　确定定向方法

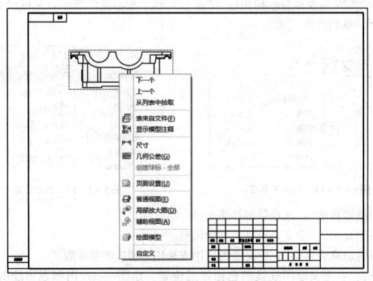

图 8 – 2 – 17　"投影视图"快捷菜单

Step2. 在系统提示下，将鼠标放在主视图上，然后往左或者往下移动，注意不要点击鼠标，在适当的位置点击鼠标，系统自动创建相应的投影视图，如图 8 – 2 – 18 所示。

3. 视图的调整

建立了主视图和投影视图后，需要对视图进行进一步的调整，以便提高绘图的准确性和标准性，并为尺寸标注和文本注释提供合理空间。

（1）移动视图

在工程图中的视图有两种状态：锁定和未锁定。默认情况下，视图是被锁定的，防止意外操作移动视图。读者可以通过观察工具栏中"锁定视图移动"按钮来知晓视图是否被锁定，如图 8 – 2 – 19 所示，锁定按钮已经按下，说明该视图已经被锁定。

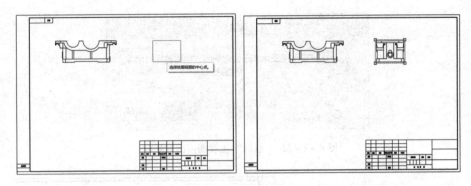

图 8 - 2 - 18　投影视图创建

图 8 - 2 - 19　"锁定视图移动"按钮

读者如果想移动视图，则需要切换工具栏中"锁定视图移动"按钮，或者直接右击视图，然后在弹出的快捷菜单里选择"锁定视图移动"命令，如图 8 - 2 - 20 所示。

解锁后，首先点击选取要移动的视图，当视图上出现十字箭头 ✥ 后按住鼠标左键，读者就可以水平或垂直的拖动视图，释放鼠标后就到达新的位置。

注意当移动主视图时，其投影视图也会跟随移动以保持对齐关系。

（2）删除视图

如果需要删除某一视图，则首先选中该视图，然后在弹出的快捷菜单中选择"删除"命令，如图 8 - 2 - 21 所示。注意当运用这一操作方法删除主视图时，系统会弹出如图 8 - 2 - 22 所示内容，如果确认就将会有对应关系的投影视图一并删除。

图 8 - 2 - 20　锁定视图快捷菜单

图 8 - 2 - 21　删除视图

我们也可以运用"布局"选项卡"显示"命令群组中的"拭除视图"来实现视图的删除，如图 8 - 2 - 23 所示，这一操作在删除主视图时不会将其有对应关系的投影视图删除，如图 8 - 2 - 24 所示。

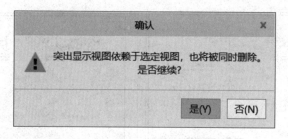

图 8 - 2 - 22 "删除"主视图弹出对话框

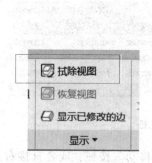

图 8 - 2 - 23 拭除视图

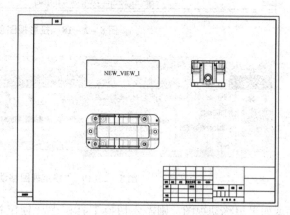

图 8 - 2 - 24 拭除主视图

2.2.2 创建剖视图

剖视图是工程图绘制中的常见类型，主要用来表达零件内部结构。如图 8 - 2 - 25 所示，这是三种常见的剖视图类型。下面介绍剖视图的绘制方法。

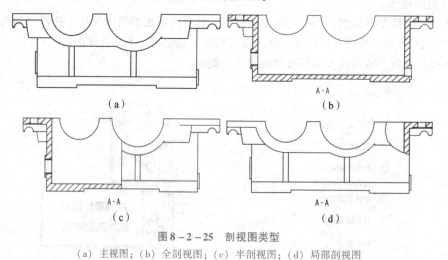

图 8 - 2 - 25 剖视图类型

(a) 主视图；(b) 全剖视图；(c) 半剖视图；(d) 局部剖视图

1. 创建全剖视图

下面以 2.2.1 中创建的 "ch5 - xiangti. prt" 三视图为基础，讲解创建剖视图的方法。

Step1. 在绘图区双击主视图，系统弹出"绘图视图"对话框，在对话框的"类别"列表中单击选择"截面"，在"截面选项"面板中选择"2D 横截面"，如图 8 - 2 - 26 所示。

图 8 – 2 – 26　2D 横截面

Step2. 单击 ✚，将横截面添加到视图，这里横截面的创建方法有两种，一种是右击模型树中零件，打开零件的三维模型，进入三维模型环境后打开"视图管理器"中的"截面"选项，然后新建截面，这里我们选择 TOP 平面为参考，新建了 A 截面，如图 8 – 2 – 27 所示。

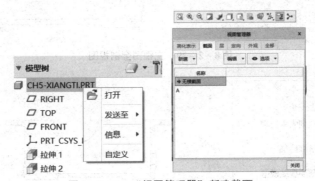

图 8 – 2 – 27　"视图管理器"新建截面

另一种方法是在单击 ✚ 后，如图 8 – 2 – 28 所示，在"名称"列表中选择"新建"，系统弹出"横截面创建"菜单管理器后，选择"平面"→"单一"→"完成"，然后在弹出的窗口中输入截面名称：B，打勾确认后，在弹出"设置平面"菜单管理器后，在模型或模型树中选择平面，注意如果没有可选择的平面作为截面，我们需要在三维模型中建立合适的平面。这里我们同样选择 TOP 平面作为截面。

Step3. 新建完截面 A 后，我们在"绘图视图"对话框中"名称"选择"A"，"剖切区域"选择"完整"，点击"应用"后，主视图如图 8 – 2 – 29 所示，然后确定退出。

Step4. 选择主视图，被选中后右击一段时间，在系统弹出的对话框中选择"添加箭头"，如图 8 – 2 – 30 所示。系统提示 ➡给箭头选出一个截面在其处垂直的视图。中键取消 后，我们单击俯视图，俯视图上就会出现视图方向的标识及剖面名称，如图 8 – 2 – 30 所示。

图8-2-28 新建"截面"

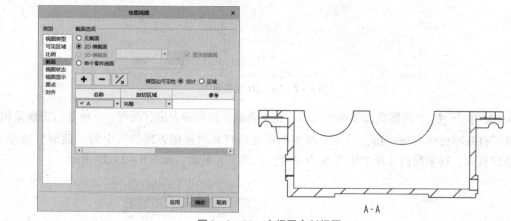

图8-2-29 主视图全剖视图

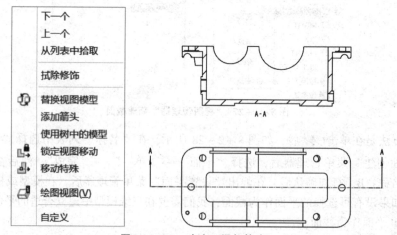

图8-2-30 右击"添加箭头"

当然，我们也可以通过"布局"选项卡中"编辑"命令群组中的 箭头 命令来添加箭头。

2. 创建半剖视图

半剖视图是在全剖视图的基础上创建的，主要步骤如下。

同样选择2.2.2建立的截面A，但是在"剖切区域"中选择"半倍"，系统会在"参考"一栏中提示你选择参考，如图8-2-31所示。

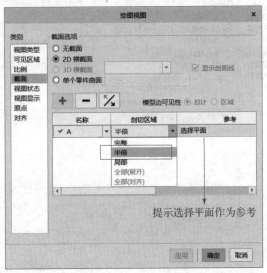

图8-2-31　剖切区域选择半倍

在 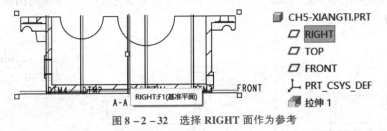 为半截面创建选择参考平面。的提示下，可以打开"视图工具栏"中的"基准显示过滤器"打开 ☑　◻ 平面显示 ，这时我们可以直接在主视图中选择 RIGHT 平面，或者直接在模型树中点击 RIGHT 平面，如图8-2-32所示。

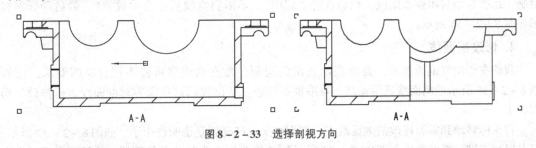

图8-2-32　选择 RIGHT 面作为参考

我们去掉"平面显示"，如图8-2-33所示，箭头所指方向代表进行剖视的部分，如果需要转换剖视方向，我们可以在需要剖视的一侧左击，剖视方向就会转换到左击的一侧。最后点击"确定"，完成半剖视图。

图8-2-33　选择剖视方向

3. 创建局部剖视图

同样选择2.2.2建立的截面A，但是在"剖切区域"中选择"局部"，系统会在"参考"一栏中提示"选择点"，如图8-2-34所示。

图 8 - 2 - 34 选择 "局部"

在系统➡选择截面间断的中心点< A >。提示下，我们在主视图中需要进行局部剖视的区域任意特征（包括边、曲面等）上单击，这里我们选择一条边 F23，此时系统在信息区提示➡草绘样条，不相交其他样条，来定义一轮廓线。，我们以鼠标单击处为中心点，在其周围绘制一条样条曲线，如图 8 - 2 - 35 所示。

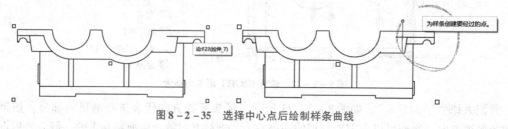

图 8 - 2 - 35 选择中心点后绘制样条曲线

注意样条曲线不需要封闭，如图 8 - 2 - 35 中显示的样条曲线，我们直接点击鼠标中键结束绘制，系统自动封闭样条曲线。然后点击 "应用"，不需要修改后点击 "确定"。最后局部剖视图如图 8 - 2 - 36 所示。

4. 修改剖面线

我们在创建好剖视图后，会发现剖视图的间距、角度和线型可能不符合绘图要求，比如图 8 - 2 - 36 所示的剖面线就很稀疏，效果很不理想，所以我们这里需要对剖面线进行修改，操作如下。

将鼠标移动到需要修改的剖面线上，剖面线呈现高亮就是说明选中了，如图 8 - 2 - 37 所示。双击鼠标左键，系统弹出如图 8 - 2 - 38 所示的 "修改剖面线" 菜单管理器。这里可以通过点击 "间距" 调整剖面线的密度，点击 "角度" 可以调整剖面线的倾斜角度，点击 "线型" 调整剖面线的具体线型，如图 8 - 2 - 38 所示。

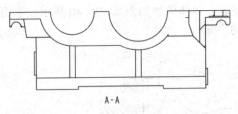

图 8 - 2 - 36　局部剖视图效果

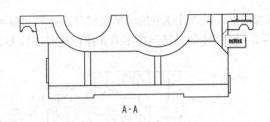

图 8 - 2 - 37　剖面线呈高亮状态

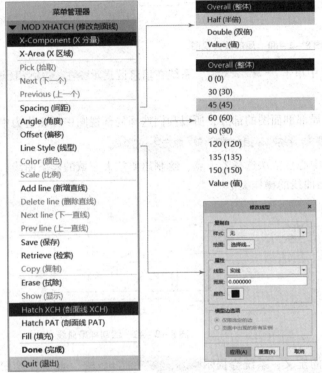

半倍表示间距只有原来的一半，也可以通过"值"来直接输入间距

可以直接选用已有的角度，也可以在"值"中输入，一般默认为45°

我们可以根据要求修改宽度和颜色

图 8 - 2 - 38　"修改剖面线"菜单管理器

这里我们将局部剖视图的间距"值"设置为 2.5，点击 **Done (完成)**，效果如图 8 - 2 - 39 所示，剖面线的密度较为合适。

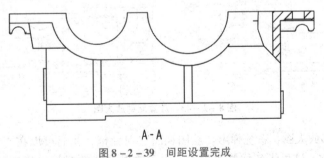

图 8 - 2 - 39　间距设置完成

2.2.3　创建局部放大图和辅助视图

1. 创建局部放大图

局部放大图，也就是低版本中的详细视图，他是指放大视图中较为复杂的局部结构，我们在

俯视图中可以查看细节的局部区域显示边界和参照注解，具体效果如图 8 - 2 - 40 所示。下面以 8 - 2 - 39 创建的局部剖视图来介绍创建局部放大图的步骤。

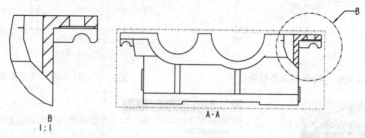

图 8 - 2 - 40　局部放大视图

Step1. 在"模型视图"命令群组中单击 局部放大图 ，系统在信息区提示 在—现有视图上选择要查看细节的中心点。 。

Step2. 我们这里要放大展示的是局部剖面图的部分，所以我们选择局部视图中任意边为中心点，如图 8 - 2 - 41 所示。系统提示 草绘样条，不相交其他样条，来定义—轮廓线。 。

Step3. 使用鼠标左键围绕所选的中心点依次选择若干点，绘制出要放大区域的样条曲线，如图 8 - 2 - 42 所示，此操作和绘制样条曲线的操作类似。

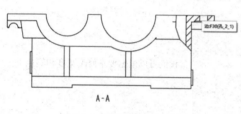

图 8 - 2 - 41　选择中心点

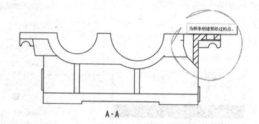

图 8 - 2 - 42　绘制样条曲线

Step4. 单击鼠标中键，完成样条的定义，系统会提示 选择绘图视图的中心点。 ，此时在绘图区的合适位置单击，放大的视图就会摆放在相应位置，如图 8 - 2 - 43 所示。

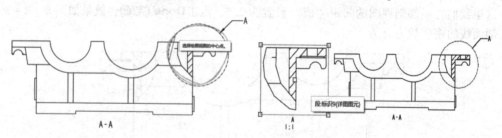

图 8 - 2 - 43　放置局部放大图

Step5. 双击局部放大图，系统弹出"绘图视图"对话框，我们可以在"视图类型"→"视图名称"中修改名称，这里将名称修改为 B，注意这里视图类型为"详细"，也就是局部放大图。在"比例"中可以自定义比例，这里我们修改为 1.0 的比例，如图 8 - 2 - 44 所示。

Step6. 单击"应用"，确认后单击"确定"，局部放大图效果如图 8 - 2 - 45 所示。如果后期读者需要调整局部放大图的位置，我们可以应用移动视图的操作来移动放大图。

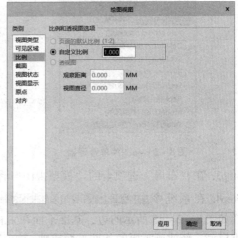

（a）　　　　　　　　　　　　　　（b）

图 8 – 2 – 44　局部放大图 "视图类型"

（a）修改名称；（b）定义比例

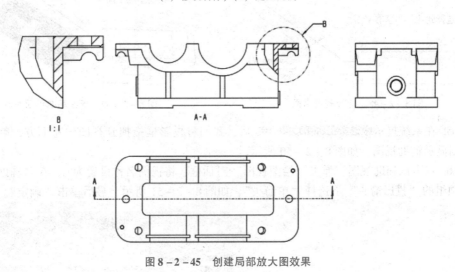

图 8 – 2 – 45　创建局部放大图效果

2. 创建辅助视图

辅助视图是沿着零件某个斜面投影生成的，它常用于具有斜面的零件。当正投影视图不能清晰表达零件的结构时，可以采用辅助视图。下面介绍创建辅助视图的步骤。

我们在 2.2.2 创建的局部放大图的工程图中直接添加辅助视图的案例。

Step1. 在工程图的 "布局" 选项卡下 "模型视图" 命令群组中，选择 [绘图模型] 命令，系统弹出如图 8 – 2 – 46 所示的 "菜单管理器"，我们选择 "添加模型"，系统会自动弹出文件 "打开" 选择框，我们选择光盘提供的 "ch5 – fuzhushitu. prt" 文件，"菜单管理器" 中点击 "完成"。

Step2. 这时我们依照 2.2.1 的步骤创建主视图、投影视图，在 "绘图视图" 中设置 显示样式 [消隐]，相切边显示样式 [无]，创建的三视图如图 8 – 2 – 47 所示。

菜单管理器
▼ DWG MODELS (绘图模型)
Add Model (添加模型)
Del Model (删除模型)
Set Model (设置模型)
Remove Rep (移除表示)
Set/Add Rep (设置/添加表示)
Replace (替换)
Model Disp (模型显示)
Done/Return (完成/返回)

图 8-2-46　菜单管理器

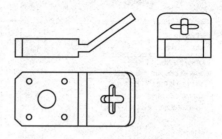

图 8-2-47　三视图

Step3. 在"布局"选项卡的"模型视图"命令群组中单击 ◇ **辅助视图** 按钮。

Step4. 在系统 ➡ 在主视图上选择穿过前侧曲面的轴或作为基准曲面的前侧曲面的基准平面 提示下，这时我们选择如图 8-2-48 所示的边，基准平面在主视图上投影后表现为所选的边，读者也可以打开原三维模型，新建所需要的基准平面或轴，如图 8-2-49 所示。

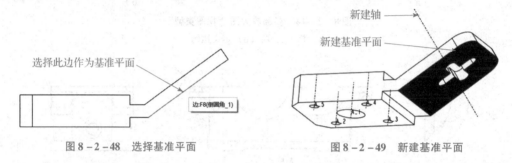

图 8-2-48　选择基准平面　　　　　　图 8-2-49　新建基准平面

Step5. 在系统提示 ➡ 选择绘图视图的中心点。后，我们将投影框拖拽到视图的左上方，单击鼠标左键，则显示辅助视图，如图 8-2-50 所示。

Step6. 双击该辅助视图，弹出"绘图视图"对话框，将视图名称设置为 C，在"辅助视图属性"选项组的"投影箭头"下选择"单箭头"，如图 8-2-51 所示，最后单击"确定"。

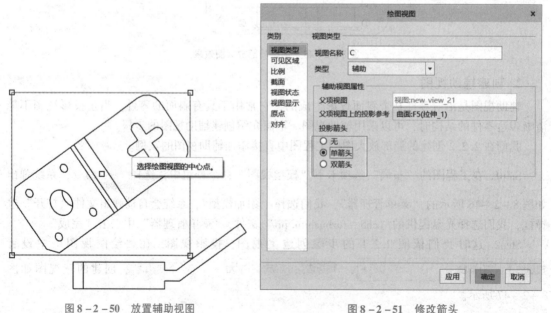

图 8-2-50　放置辅助视图　　　　　　图 8-2-51　修改箭头

Step7. 为了使视图更加规范合理，我们对辅助视图进行修整。双击辅助视图，在弹出的"绘图视图"对话框"类别"中选择"局部视图"，如图8－2－52所示。

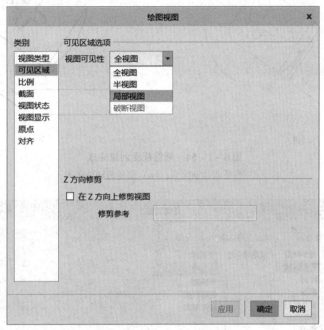

图8－2－52　选择局部视图

Step8. 这时对话框弹出 几何上的参考点 选择项 ，系统提示 ➡选择新的参考点。，我们选择要保留部分中的任一点，再围绕参照点连续单击以获得需要的样条边界，如图8－2－53所示。单击鼠标中键结束操作，在"绘图视图"对话框中点击"应用"，检查后点击"确认"，辅助视图最终如图8－2－54所示。

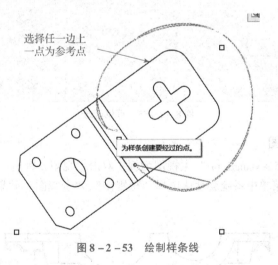

选择任一边上一点为参考点

为样条创建要经过的点。

图8－2－53　绘制样条线

2.2.4　视图的可见性

视图的可见性包括以下几种：全视图、半视图、局部视图和破断视图。读者可以在"绘图视图"对话框中的"可见区域"进行设置，如图8－2－55所示。下面介绍视图可见性的设置方法。

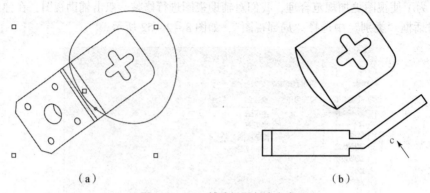

（a）   （b）

图 8 - 2 - 54 辅助视图创建完成

（a）样条线绘制完成；（b）创建的辅助视图

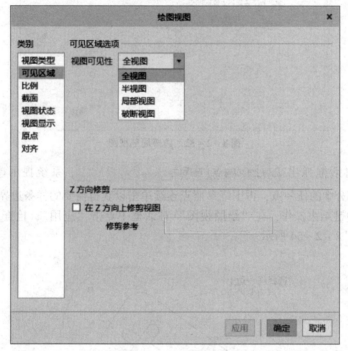

图 8 - 2 - 55 可见区域

1. 全视图和半视图

我们以创建的 "ch5 - xiangti. prt" 主视图为例，双击主视图，跳出 "绘图视图" 对话框，在 "视图可见性" 的下拉菜单中系统会默认选择 "全视图"，"全视图" 效果如图 8 - 2 - 56 所示。

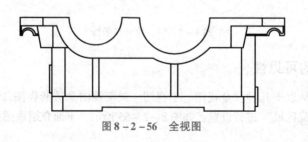

图 8 - 2 - 56 全视图

如果我们在"视图可见性"的下拉菜单中选择"半视图",对话框要求我们选择平面作为参考平面。在"视图管理器"中勾选 ☑ ▱ 平面显示 ，在主视图上选择 RIGHT 平面，箭头方向所指一侧为保持侧，我们可以在 保持侧 | ↖ 进行方向修改，流程如图 8 - 2 - 57 所示。点击"应用"，检查后点击"确认"，半视图效果如图 8 - 2 - 58 所示。

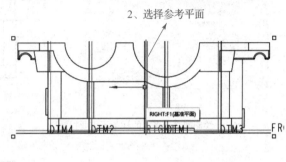

图 8 - 2 - 57　半视图创建流程

2. 局部视图

双击在 2.2.1 创建的"ch5 - xiangti. prt"主视图，弹出"绘图视图"对话框，在"视图可见性"的下拉菜单中选择"局部视图"，在系统提示 ➡ 选择新的参考点。单击"确定"完成。后，我们在需要局部显示的部分选择一点，系统提示 ➡ 在当前视图上草绘样条来定义外部边界。，我们使用鼠标左键围绕所选的参考点依次选择若干点，绘制出局部显示区域的样条曲线，按鼠标中键结束绘制，点击"应用"，预览局部视图的效果，无误后点击"确认"。具体流程如图 8 - 2 - 59 所示。

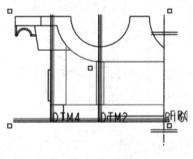

图 8 - 2 - 58　半视图

3. 破断视图

破断视图常用来表达一些细长的零件，它既节省了图纸的幅面，也真实反映了零件的形状尺寸。下面通过实例说明其创建方法。

Step1. 按照 2.2.1 步骤创建主视图，模型选择光盘提供的"ch5 - changzhou. prt"，定位方向为 FRONT 面，主视图效果如图 8 - 2 - 60 所示。

Step2. 在"可见区域"面板的"视图可见性"下拉菜单中选择"破断视图"，如图 8 - 2 - 61 所示。

Step3. 单击 ✚ （添加断点）按钮，系统在信息提示区提示 ➡ 草绘一条水平或竖直的破断线。，如图 8 - 2 - 62 所示。

Step4. 选择需要破断的长轴的边的合适位置单击，向下移动鼠标，绘制出垂直细边的破断线，单击鼠标左键，完成第一条破断线添加，如图 8 - 2 - 63 所示。

Step5. 此时，系统提示 ➡ 拾取一个点定义第二条破断线。，我们还是在长轴边的另一位置进行单击，系统自动创建第二条破断线，如图 8 - 2 - 64 所示。

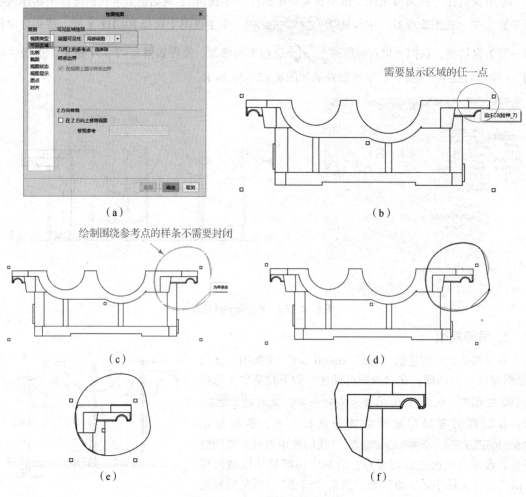

图 8 - 2 -59　局部视图流程图

（a）选择"局部视图"；（b）选择"参考点"；（c）围绕参考点绘制样条；
（d）点击鼠标中键完成样条绘制；（e）点击"应用"预览；（f）点击"确定"生成视图

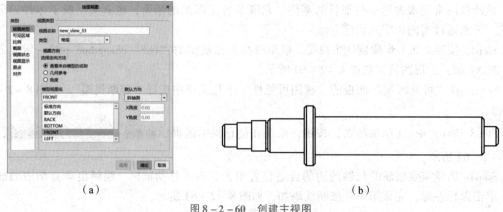

图 8 - 2 - 60　创建主视图

（a）选择定向；（b）主视图

图 8 - 2 - 61 选择破断视图

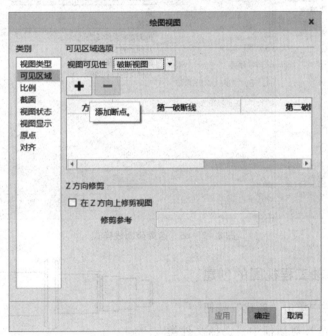

图 8 - 2 - 62 添加断点

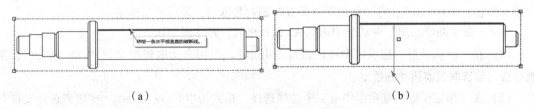

（a）　　　　　　　　　　　　　　　　　（b）

图 8 - 2 - 63 创建第一条破断线

（a）选择合适点，单击鼠标；（b）鼠标下移，单击完成第一条破断线

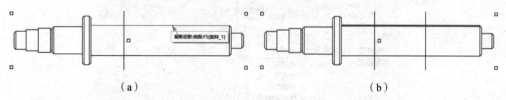

（a）　　　　　　　　　　　　（b）

图 8 - 2 - 64　绘制第二条破断线

（a）选择第二条破断线的点；（b）创建第二条破断线

Step6. 在"破断线造型"列表框中选择"视图轮廓上的 S 曲线"，当然我们也可以根据实际情况选择"草绘"来自己绘制，如图 8 - 2 - 65 所示。最后单击"应用"，观察绘制效果无误后单击"确认"，完成破断视图绘制，效果如图 8 - 2 - 66 所示。

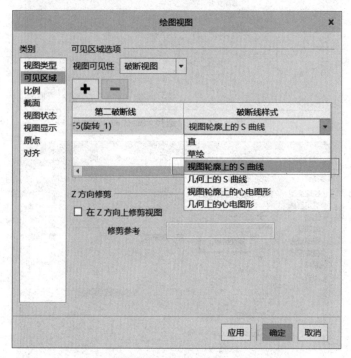

图 8 - 2 - 65　选择破断线样式

2.2.5　传动轴工程视图的创建

Step1. 在工具栏中单击"新建"按钮。

Step2. 在"新建"对话框中，选择文件类型为"绘图"，在"文件名"一栏后输入新的工

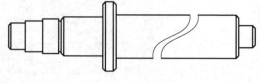

图 8 - 2 - 66　破断视图

程图文件名"zhou - gct"，将"使用默认模板"的勾号取消，最后单击确定。

Step3. 在"新建绘图"对话框中选取 A3 图框格式，具体操作如下。

（1）在"默认模型"选项组中可以通过点击 浏览… 按钮来选取模型文件"ch8 - shaft"，系统也会自动选取当前活动的模型。

（2）在"指定模板"选项组中有三个选项选择"格式为空"，点击 浏览… 按钮来选择文件名为"ch8_a3. frm"的格式文件，如图 8 - 2 - 67 所示。

Step4. 打开工程图绘制页面，在"布局"选项卡"模型视图"的命令群组中直接点击 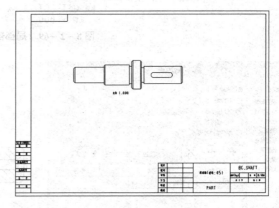 命令，在 ➡️选择绘图视图的中心点。提示出现后，择 a3 图框中适当位置进行左击，系统弹出"绘图视图"对话框，同时在鼠标点击位置放置选择的模型。"视图类型"选项卡中"模型视图名称"选择 TOP，"比例"选择"自定义比例"为 1，将"显示样式"改为 🔲，"消隐"效果如图 8 – 2 – 68 所示。

图 8 – 2 – 67 新建绘图

图 8 – 2 – 68 新建绘图

Step5. 双击主视图，打开"绘图视图"对话框，在"类别"中选择"2D 横截面"，单击 ➕ 添加视图，"新建"一横截面视图，取名：gct，选择 TOP 平面为横截面，在"剖切区域"中选择"局部"，在主视图中左端需要进行局部剖视的区域中选择一条边单击，然后我们通过单击鼠标确定在刚才的中心点周围绘制一条样条曲线。注意：样条曲线不需要封闭，单击中键后单击"确定"完成局部剖视图绘制，效果如图 8 – 2 – 69 所示。

Step6. 创建断面图。点击 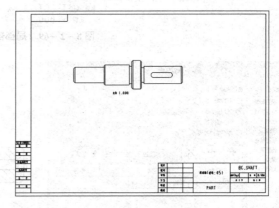 命令，择主视图下方适当位置进行左击，系统弹出"绘图视图"对话框，同时在鼠标点击位置放置选择的模型。"视图类型"选项卡中"模型视图名称"选择 RIGHT，"比例"设置为 1。在"类别"中选择"2D 横截面"，"模型可见性"中选择"区域"，单击 ➕ 添加视图，选择已经建好的视图"DM"，单击"确定"，断面图效果如图 8 – 2 – 70 所示。

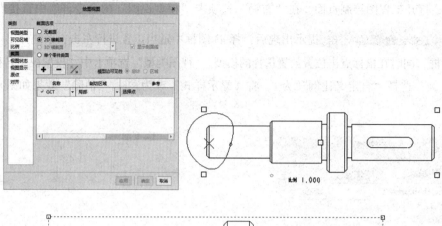

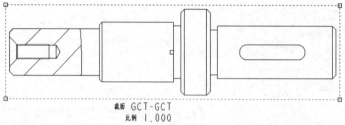

图 8 - 2 - 69　局部剖效果

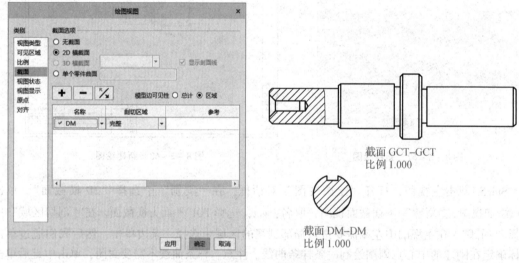

截面 GCT-GCT
比例 1.000

截面 DM-DM
比例 1.000

图 8 - 2 - 70　断面图

视图的创建

视图的编辑

2.3 任务笔记

编号	8-2	任务名称	视图的创建与编辑	日期	
姓名		学号		班级	评分
序号	知识点		学习笔记		备注
1	创建主视图和投影视图的方法				
2	视图的调整方法				
3	创建剖视图，包括全剖视图、半剖视图、局部剖视图，修改剖面线的方法				
4	创建局部放大视图、辅助视图				
5	视图可见性，包括全视图、半视图、局部视图和破断视图				
6	创建主视图和投影视图的方法				

2.4 任务训练

编号	8-2	任务名称	视图的创建与编辑		日期	
姓名		学号		班级	评分	

题目：根据要求创建相关视图。

内容与要求：打开文件"ch5-zhou.prt"文件，根据下图所示，创建主视图，断面图。

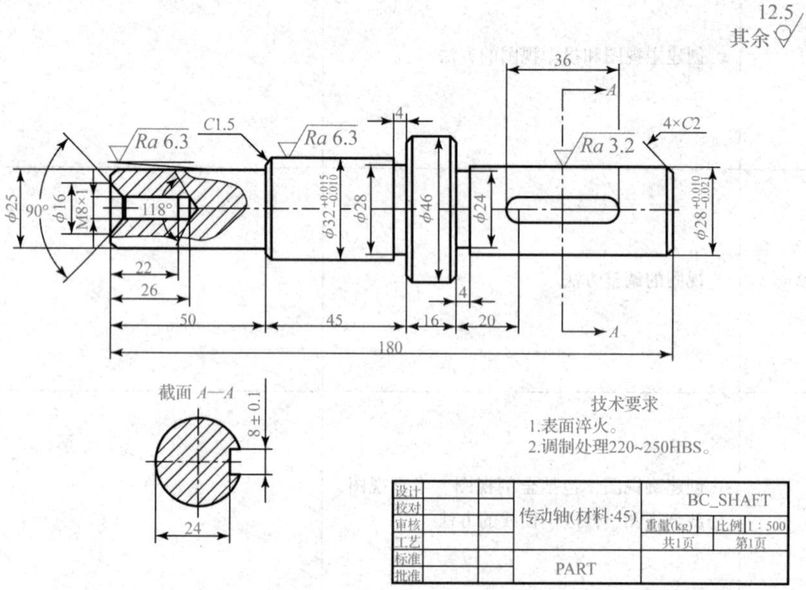

训练内容

实施过程

**其他创新
设计方法**

自我评价

小结

3.1 任务描述

本任务主要学习工程图环境中尺寸的标注、形位公差的标注和粗糙度的标注，并在已建传动轴的视图上进行尺寸标注、尺寸公差和形位公差标注。

3.2 任务基础知识与实操

3.2.1 尺寸标注

在工程图的各种标注中，尺寸标注是最重要的一种，在 Creo 5.0 软件中，工程图中的尺寸被分为两种类型：一种是来源于零件三维模型的尺寸，另一种是用户根据需要手动创建的尺寸。下面我们介绍在 Creo 5.0 软件中尺寸的创建与编辑方法。

3.2.1.1 自动生成尺寸

在 Creo 5.0 软件中，工程图视图是利用已经创建的零件模型投影生成的，所以视图中零件的尺寸来源于零件的三维模型，由于这些尺寸受零件模型驱动，并且也有可以反过来驱动零件模型，所以这些尺寸也被称为驱动尺寸。

这些尺寸在工程图环境下可以利用"显示模型注释"命令使其自动显现出来，我们称之为自动生成尺寸。自动生成的尺寸与零部件具有双向关联性，在模型上修改的尺寸会反映在工程图上，反之亦然。注意：在工程图中可以修改自动生成尺寸值的小数位数，但是舍入后的尺寸值不驱动三维模型。

1. 显示尺寸

下面以图 8 - 2 - 66 生成的破断视图来介绍自动生成尺寸的一般过程。

Step1. 利用 ⬚⬚ **投影视图** 命令，生成左视图，如图 8 - 3 - 1 所示。

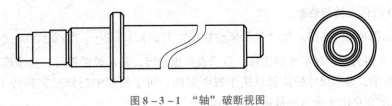

图 8 - 3 - 1 "轴"破断视图

Step2. 在"注释"功能选项卡中单击"显示模型注释" 📑 按钮。

Step3. 系统弹出如图 8 - 3 - 2 所示的"显示模型注释"对话框，操作如图 8 - 3 - 2 所示。

Step4. 按住 Ctrl 键，选择主视图和左视图，这时尺寸就会自动显示，单击左下角 ☑☑ 表示全部选择，或者单选需要显示的尺寸，然后单击"确定"按钮。当然我们也可以在第一步就框选要生成尺寸的视图，然后单击"显示模型注释"进行尺寸生成。最终自动生成的尺寸如图 8 - 3 - 3 所示。

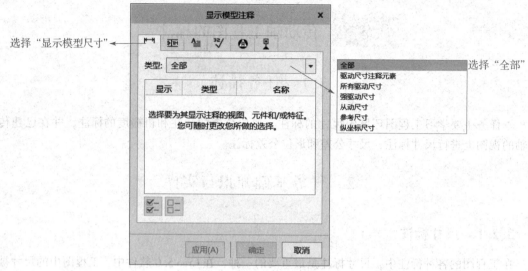

图 8 - 3 - 2　显示模型注释

选择"显示模型尺寸"

选择"全部"

全部
驱动尺寸注释元素
所有驱动尺寸
强驱动尺寸
从动尺寸
参考尺寸
纵坐标尺寸

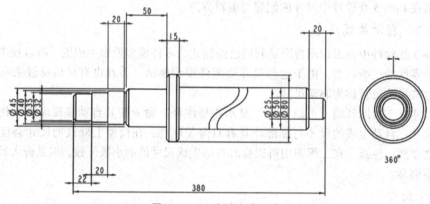

图 8 - 3 - 3　自动生成尺寸

在自动生成尺寸时，请注意以下几点：

a）如图 8 - 3 - 3 所示，自动生成的尺寸较为凌乱，需要手动整理，我们也可以保存转化后在熟悉的 CAD 软件中进行修改。

b）使用如图 8 - 3 - 2 所示的"显示模型注释"对话框，　其对应功能为显示几何公差，显示模型注释，显示表面粗糙度，显示模型符号，显示模型基准。

c）工程图中，显示尺寸的位置取决于视图定向，对于模型中拉伸或旋转特征的截面尺寸，在工程图中显示在草绘平面与屏幕垂直的视图上。

我们也可以利用模型树中的特征来自动显示特征尺寸，主要步骤是：右击模型树中的特征，在弹出的快捷菜单中选择　显示模型注释　，然后选择全部显示尺寸。注意：显示特征尺寸时必须先进入"注释"选项卡。然后系统会根据实际情况将主视图不能显示的尺寸显示在其他视图上。

2. 拭除尺寸和删除尺寸

单击需要修改的尺寸，弹出的对话框中具有删除和拭除这两种功能，如图 8 - 3 - 4 所示。"拭除尺寸"是暂时使尺寸处于不可见的状态，可以通过"取消拭除"使其重新显现。具体操作是在单击　"拭除"后，在其余空白处单击，完成拭除操作。

如果需要"取消拭除"，我们在左侧模型树中找到已拭除的尺寸，单击，出现如图 8 - 3 - 5 所示的画面，单击 ⊗ ，完成"取消拭除"。

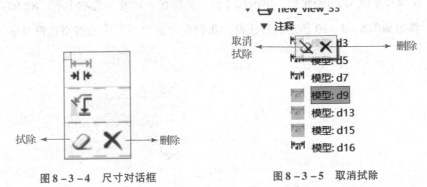

图 8 - 3 - 4 尺寸对话框   图 8 - 3 - 5 取消拭除

"删除尺寸"是指去掉多余或错误的尺寸标注，被删除的自动生成的尺寸需要使用"显示模型注释"命令来重新生成。

单击图 8 - 3 - 4 上"删除"按钮就会删除所选的尺寸。也可以在选择完尺寸后，按键盘上的 Delete 键，也能删除尺寸。

3.2.1.2 手动创建尺寸

当自动生成尺寸不能满足零件表达需要时，需要通过手动来创建尺寸。手动创建的尺寸与零部件具有单向关联性，即这些尺寸受零件模型驱动，在工程图中也不能被修改。

下面以 2.2.2 生成的剖断视图来介绍手动创建尺寸的一般过程。

Step1. 在"注释"功能选项卡中单击"尺寸" ⊓ 。

Step2. 系统弹出"选择参考"对话框，如图 8 - 3 - 6 所示，在下拉菜单中我们默认选择"选择图元"，这时系统提示 ➡ 选择一个图元，或单击鼠标中键取消。

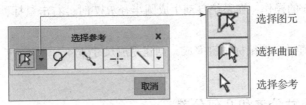

图 8 - 3 - 6 选择参考

Step3. 下面我们创建如图 8 - 3 - 7 所示的三个简单尺寸。首先是尺寸 φ35，我们这里有两种方法生成尺寸 35。

第一，鼠标直接单击如图 8 - 3 - 8 所示的边，这时系统会自动生成尺寸值 φ35，然后我们将尺寸拉到合理位置，确定后按鼠标中键，结束尺寸的绘制。

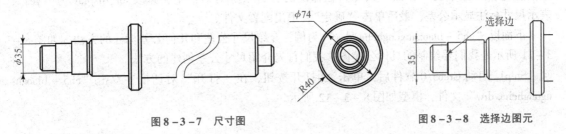

图 8 - 3 - 7 尺寸图   图 8 - 3 - 8 选择边图元

第二，按住 Ctrl 键，单击选择如图 8 – 3 – 9 所示的两条边，系统也会自动生成尺寸值 35，调整位置后按鼠标中键。

Step4. 完成尺寸值 35 的创建后，单击尺寸值，选择在"尺寸"选项卡下 Ø10.0⓪ "尺寸文本"命令，弹出如图 8 – 3 – 10 所示的对话框，我们在"前缀"栏中选择直径符号 φ，按中键退出绘制。

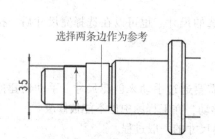

图 8 – 3 – 9　选择两条边作为参考

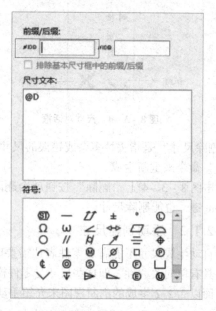

图 8 – 3 – 10　添加前缀

Step5. 下面标注左视图的尺寸，重复 Step1、Step2，在 Step3 中单击最外侧的圆，这时系统会自动生成圆的半径 $R40$，按鼠标中键完成尺寸 $R40$ 的绘制。

Step6. 重复 Step5 的操作，在系统自动生成圆半径 $R37$ 时，右击鼠标，在生成的选择对话框

，我们选择直径，按鼠标中键完成，创建完成尺寸 φ74。

3.2.2　标注尺寸公差和几何公差

3.2.2.1　标注尺寸公差

要标注尺寸公差，需要修改相关的绘图配置，这里主要配置的选项是 tol_display，主要步骤：选择下拉菜单"文件"→"准备"→"绘图属性"命令，在弹出的"绘图属性"对话框中选择"详细信息选项"区域的"更改"命令，在弹出的"选项"对话框中，修改 tol_display 为"yes"，表示尺寸标注显示公差，最后单击"确定"，退出配置文件。

下面以"ch5 – biaozhugonghcha. drw"为例，介绍尺寸公差和几何公差标注的方法，如图 8 – 3 – 11 所示是我们要绘制的具体公差图，我们首先介绍尺寸公差创建的方法。

Step1. 启动 Creo5.0 软件后，单击 打开按钮，在"打开"对话框中双击"ch5 – biaozhugonghcha. drw"文件，模型如图 8 – 3 – 12 所示。

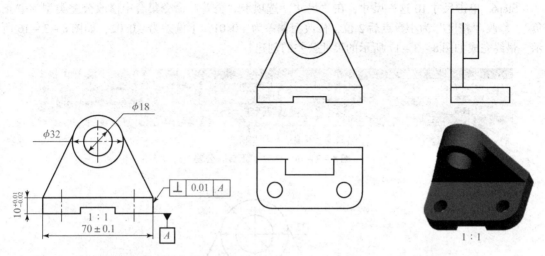

图 8-3-11 尺寸公差和几何公差图   图 8-3-12 示例图

Step2. 单击"注释"选项卡下的"显示模型注释" 按钮，系统弹出"显示模型注释"对话框。

Step3. 单击"显示模型注释"对话框顶部的 ⊢⊣ "显示模型尺寸"，鼠标单击主视图选择主视图，这时主视图显示了所有尺寸，这里我们单击选择 $\phi18$ 和 $\phi32$，单击"应用"，只保留所需的两个尺寸。

Step4. 单击"显示模型注释"对话框顶部的 █ "显示模型基准"，鼠标单击 ☑，全部选择显示，单击"确定"退出。系统生成如图 8-3-13 所示的带基准和 2 个尺寸的主视图。

Step5. 按照项目八 3.2.1 步骤手动创建尺寸 10 和 70，如图 8-3-14 所示，单击尺寸 70 选中这一尺寸，在"尺寸"选项卡"公差"命令集合中修改公差类型为"对称"，如图 8-3-15 所示，然后在视图空白处单击确定。

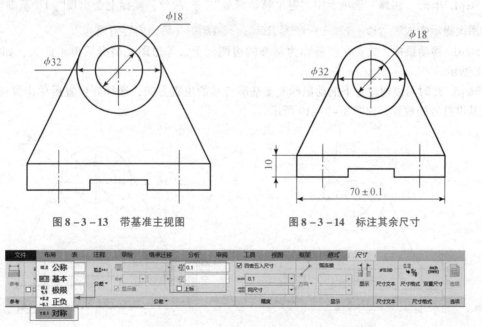

图 8-3-13 带基准主视图   图 8-3-14 标注其余尺寸

图 8-3-15 修改"对称"公差

Step6. 单击尺寸 10 这一尺寸，在"尺寸"选项卡"公差"命令集合中修改公差类型为"正负"，修改"精度"为小数点后 2 位，修改上偏差为 +0.01，下偏差为 -0.02，如图 8-3-16 所示。最终完成如图 8-3-17 所示的尺寸公差的创建。

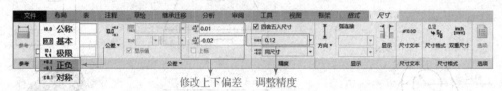

图 8-3-16　修改"正负"公差

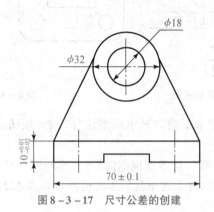

图 8-3-17　尺寸公差的创建

3.2.2.2　标注几何公差

1. 添加模型基准

在创建部分几何公差时，我们需要添加模型的基准。下面以图 8-3-11 的基准 A 为例，介绍基准的创建方法。

Step1. 单击"注释"选项卡中"基准特征符号" 命令，鼠标上会出现 "基准符号"。此时系统提示 选择一个边 一个图元 一个尺寸 几何公差 尺寸界线 （后面内容省略）。

Step2. 移动鼠标，放置在准备作为基准的边图元上，等边图元高亮后单击此边，如图 8-3-18 所示。

Step3. 此时可以通过上下拖动鼠标改变基准符号的位置方向，选择好位置后单击鼠标中键，完成基准符号的放置，如图 8-3-19 所示。

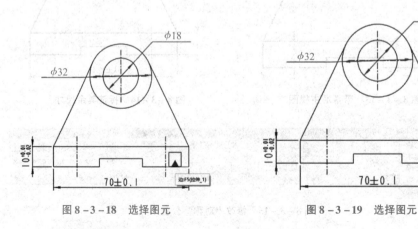

图 8-3-18　选择图元　　　　　　图 8-3-19　选择图元

Step4. 在弹出的"基准特征"选项卡中修改基准特征名称和添加附加文字，如图 8 - 3 - 20 所示。

图 8 - 3 - 20　修改基准特征名称

Step5. 在绘图区空白处单击完成基准的创建，再单击选中基准 A，按住鼠标将基准 A 符号拖动到图 8 - 3 - 19 所在位置。

2. 标注几何公差

我们以图 8 - 3 - 11 所示的垂直度公差为例，介绍几何公差的创建。

Step1. 我们首先需要完成 3.2.2.2 中基准 A 的创建。单击"注释"选项卡中"几何公差"命令。

Step2. 此时系统提示 ➡ 选择 多边 多边 多个图元 尺寸 几何公差 （后面内容省略），鼠标上出现几何公差框格，移动鼠标，放置在标注几何公差的图元上，等边图元高亮后单击此边，如图 8 - 3 - 21 所示。

Step3. 此时可以拖动鼠标调整几何公差框格位置，选择好位置后单击鼠标中键，完成公差框格的放置，如图 8 - 3 - 22 所示。

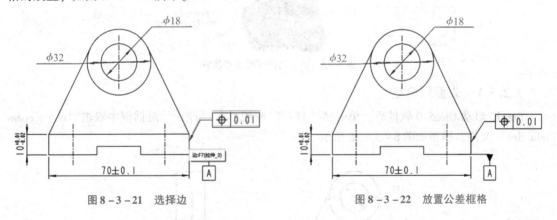

图 8 - 3 - 21　选择边　　　　　　　　　　图 8 - 3 - 22　放置公差框格

Step4. 在弹出的"几何公差"选项卡中选"几何特征"符号为"垂直度"，"公差值"为 0.01， "基准"为 A，如下图 8 - 3 - 23 所示。

图 8 - 3 - 23　几何公差修改

Step5. 在绘图区空白处单击确定完成操作，最终几何公差如图 8 - 3 - 24 所示。

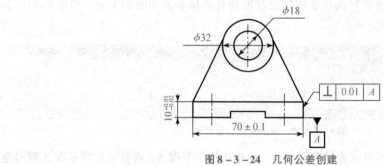

图 8 – 3 – 24　几何公差创建

3.2.3　表面粗糙度和注解

下面将在项目八 3.2.2 完成的工程图中创建如图 8 – 3 – 25 所示的粗糙度和注解。

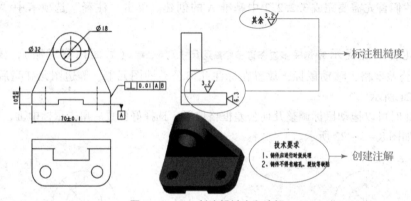

图 8 – 3 – 25　创建粗糙度和注解

3.2.3.1　表面粗糙度

Step1. 启动 Creo5.0 软件后，单击 "打开" 按钮，在 "打开" 对话框中双击 "ch5 – cuca-odu. drw" 文件，模型如图 8 – 3 – 26 所示。

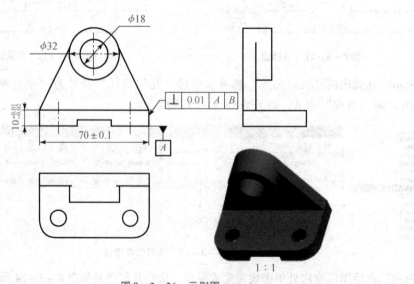

图 8 – 3 – 26　示例图

Step2. 在"注释"选项卡下的 ³²√ 表面粗糙度 按钮，如果是第一次使用该命令，系统会直接指向"surffins"文件夹，选择"machined"子文件夹下的"standard1.sym"文件，如图 8 – 3 – 27 所示，然后单击"打开"按钮。

注意：如果不是第一次使用，系统会直接弹出"表面粗糙度"设置对话框。

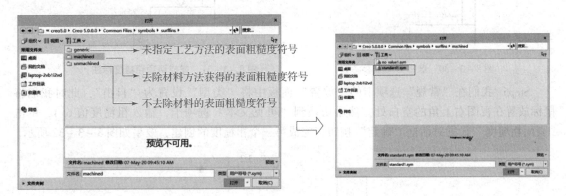

图 8 – 3 – 27 "打开"对话框

Step3. 系统弹出"表面粗糙度"设置对话框，如图 8 – 3 – 28 所示，在"常规"选项卡的"放置"面板中将"类型"设置为"图元上"，此时系统提示 ➡ 使用鼠标左键选择附加参考。，我们选择如图 8 – 3 – 29 所示的边，然后切换到"可见文本"选项卡，输入粗糙度值 3.2，按"回车"键确定。

图 8 – 3 – 28 "表面粗糙度"设置对话框

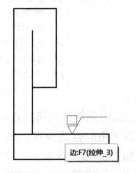

图 8 – 3 – 29 选择参考边

Step4. 单击鼠标中键，完成第一个粗糙度的放置。我们在"常规"选项卡的"放置"面板中将"类型"设置为"垂直于图元"，此时系统要求再次选择参考，选择如图 8 – 3 – 30 所示的边，然后切换到"可见文本"选项卡，输入粗糙度值 6.4，单击鼠标中键，完成第二个粗糙度的创建，效果如图 8 – 3 – 31 所示。

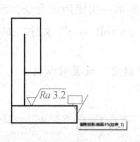

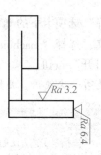

图 8 - 3 - 30　选择第二条参考边　　　　图 8 - 3 - 31　完成两项粗糙度标注

Step5. 我们在"常规"选项卡的"放置"面板中将"类型"设置为"自由",此时我们将鼠标放置在视图右上角的空白处,然后切换到"可见文本"选项卡,输入粗糙度值6.4,单击"表面粗糙度"设置对话框"确定"按钮,完成第三个粗糙度的创建,效果如图 8 - 3 - 32 所示。

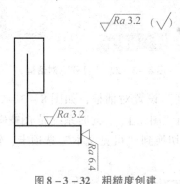

图 8 - 3 - 32　粗糙度创建

3.2.3.2　注解

我们以完成图 8 - 3 - 25 的注解来介绍注解的创建方法。

Step1. 在图 8 - 3 - 32 绘制的工程图上,单击"注释"选项卡下 注解 下拉菜单,选择"独立注解",如图 8 - 3 - 33 所示。

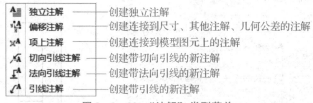

图 8 - 3 - 33　"注解"类型菜单

Step2. 此时系统弹出选择点对话框,并在信息提示栏中显示 选择注解的位置.,我们将鼠标放置在视图右下角的合适位置,如图 8 - 3 - 34 所示。单击鼠标左键,确定位置,然后输入文字,文字内容如图 8 - 3 - 25 所示。文字内容格式可以在"格式"选项卡中进行修改,比如将"技术要求"文本高度设置为5,如图 8 - 3 - 35 所示。在空白处单击,完成第一个注解的创建。

注意:如果日后需要重新编辑注解内容,只需双击需要修改的"注解",在如图 8 - 3 - 35 所示的"格式"选项卡中修改。

Step3. 再次单击"注释"选项卡下 注解 下拉菜单,选择"独立注解",信息提示栏中显示 选择注解的位置.,我们选择右上角粗糙度符号左侧空白处,如图 8 - 3 - 36 所示位置。单击鼠标左键确定位置,输入文字"其余",文字高度设置为5,调整文字位置,按鼠标中键完成设置,在空白处单击退出注解创建。效果如图 8 - 3 - 37 所示。

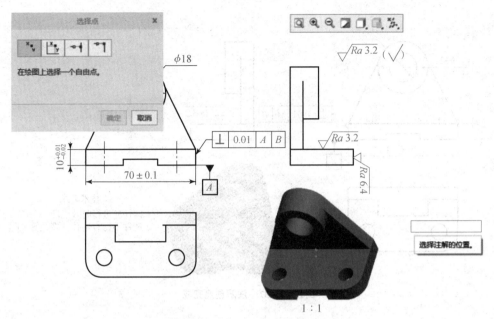

图 8 - 3 - 34　选择位置

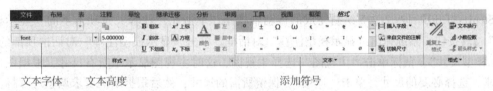

图 8 - 3 - 35　注解"格式"

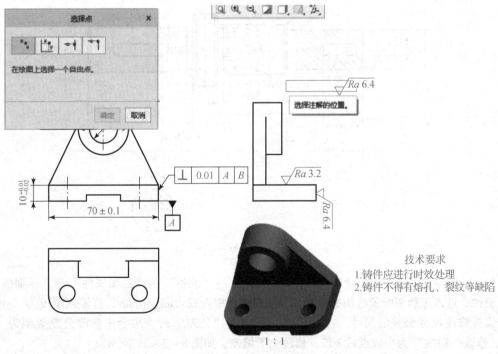

图 8 - 3 - 36　选择位置

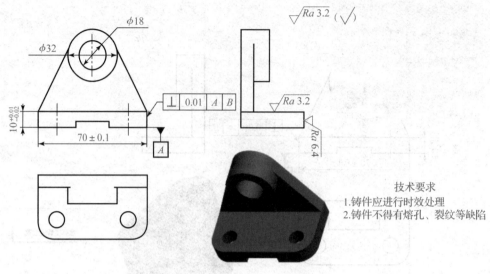

图 8 – 3 – 37　注解创建完成

3.2.4　传动轴的标注

Step1. 打开项目八 2.2.5 绘制完成的传动轴视图，单击在"注释"选项卡下的"显示模型注释"　按钮，系统弹出"显示模型注释"对话框。单击"显示模型注释"对话框顶部的　"显示模型尺寸"，鼠标单击"主视图"选择主视图，这时主视图显示了所有尺寸，根据图形表达要求，选择必要的尺寸，单击"应用"，保留所需的尺寸，然后根据绘图要求调整尺寸标注位置，同样方法标注断面图尺寸，效果如图 8 – 3 – 38 所示。

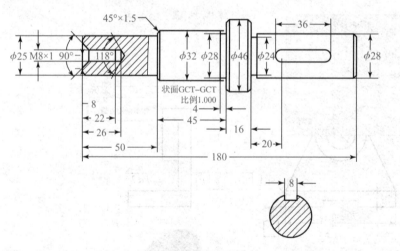

图 8 – 3 – 38　尺寸标注

Step2. 标注尺寸公差。配置选项设置："文件"→"准备"→"绘图属性"→"详细信息"选项更改，进入工程图配置选项编辑环境，在搜索框中查找：tol_display，将输入值设为"yes"。选中需要修改尺寸公差的尺寸，在"尺寸"选项卡"公差"命令集合中修改公差类型为"正负"，修改"精度"为小数点后 3 位，修改上下偏差，如图 8 – 3 – 39 所示。

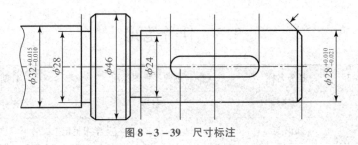

图 8 – 3 – 39　尺寸标注

Step3. 标注表面粗糙度。在"注释"选项卡下的 ³²✓ 表面粗糙度 按钮，选择如图 8 – 3 – 40 所示的两个面，输入粗糙度值 3.2 和 6.3，按"回车"键确定。

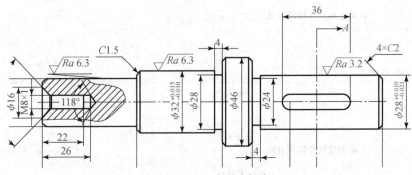

图 8 – 3 – 40　粗糙度标注

Step4. 绘制的工程图上，单击"注释"选项卡 ⁴ᴬ注解 ▾ 下拉菜单，选择"独立注解"，标注如图 8 – 3 – 41 所示，完成工程图绘制。

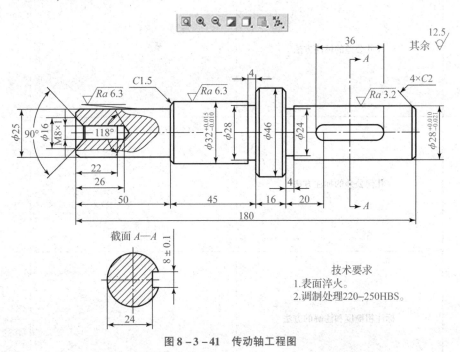

技术要求
1. 表面淬火。
2. 调制处理220–250HBS。

图 8 – 3 – 41　传动轴工程图

3.3 任务笔记

编号	8-3	任务名称	创建工程图标注		日期	
姓名		学号		班级	评分	
序号	知识点		学习笔记			备注
1	自动生成尺寸标注方法					
2	手动创建尺寸标注方法					
3	尺寸公差的标注方法					
4	几何公差的标注方法					
5	标注粗糙度和注解的方法					

3.4 任务训练

编号	8-3	任务名称	创建工程图标注		日期	
姓名		学号		班级	评分	

训练内容	题目：根据要求创建标注。 内容与要求：打开文件"ch5-zhou.prt"文件，根据下图所示创建标注。 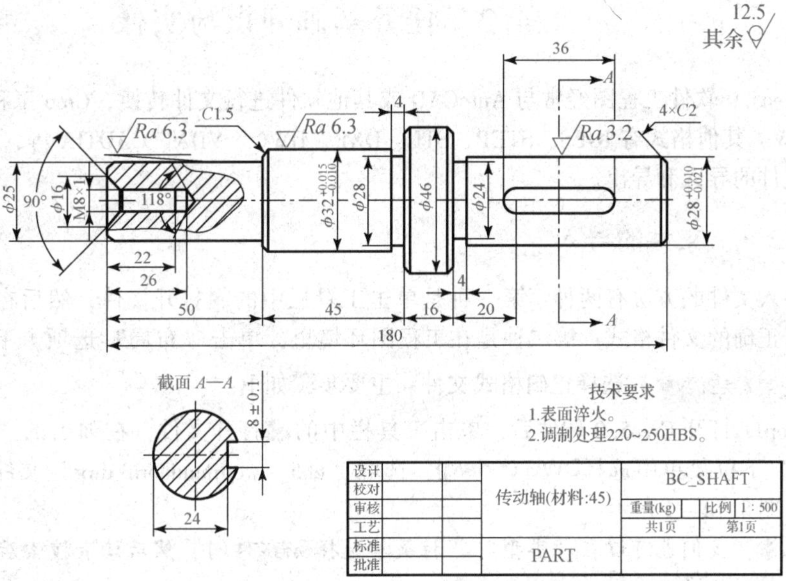
实施过程	
其他创新 设计方法	
自我评价	
小结	

任务四　传动轴工程图文件的导出

4.1　任务描述

完成传动轴工程图的视图创建、标注和注释后，需要将工程图导出，保存为相应格式。

4.2　任务基础知识与实操

Creo5.0 软件工程图经常与 AutoCAD 或其他软件进行文件转换，Creo 工程图默认的存储格式为 DRW，其他格式有 IGES、STEP、STL、DXF、DWG、VDA、CADTIA 等，本节主要介绍 DWG 格式文件的导入和导出。

4.2.1　文件的导入

导入文件的方法有两种：第一种是单击工具栏中的 📂 打开文件，然后在"类型"下拉列表中选择正确的文件格式；第二种是在工程图环境里，单击"布局"选项卡下"插入"命令集合中的 📥 导入绘图/数据，选择正确格式文件。主要步骤如下。

Step1. 打开 Creo5.0 软件后，单击工具栏中的 📂 打开文件，在弹出的"文件打开"对话框"类型"下拉菜单中选择 **DWG (*.dwg)**，选取"ch5 – wenjiandaoru. dwg"文件，单击"导入"按钮，如图 8 – 4 – 1 所示。

注意：我们也可以在"类型"下拉菜单选择所有文件 (*)，然后读者搜索后选取正确文件。

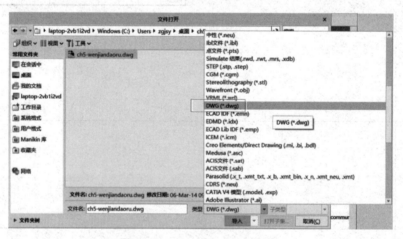

图 8 – 4 – 1　"文件打开"对话框

Step2. 系统弹出"导入新模型"对话框，如图 8 – 4 – 2 所示，"类型"我们选择"绘图"，文件名可以根据需要修改，单击"确定"。

Step3. 系统弹出"导入 DWG"对话框，在 选项 选项卡中"空间名称"区域中，接受默认名称"Model Space"，在"导入尺寸"区域中选择如图 8 – 4 – 3 所示选项。打开 属性 选项卡，在颜色选项卡中将 **Creo Parametric** 下拉菜单设置为 ■几何 （"几何"的默认颜色为黑色），其余"层""线型""文本字体"保持默认设置。

注意："属性"中的设置根据实际绘图需要来调整，比如 Creo 的背景颜色为黑色，那 Creo Parametric 中的颜色设置为浅色。

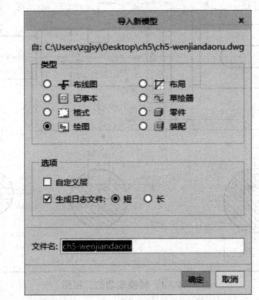

图 8 - 4 - 2 "导入新模型"对话框

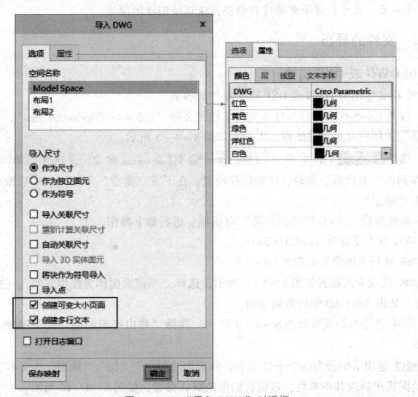

图 8 - 4 - 3 "导入 DWG"对话框

Step4. 此时绘图区就会出现转换成功的工程图，如图 8 - 4 - 4 所示，将文件"另存为"DRW 格式的文件。

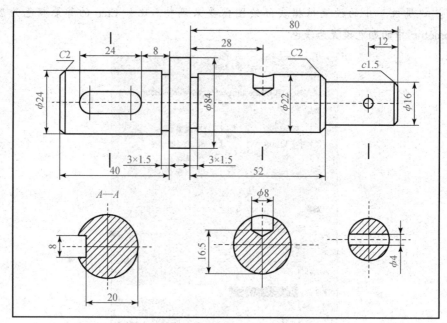

图 8 – 4 – 4　转换成功的工程图

注意：导入的 DWG 或 DXF 文件路径必须是英文，否则导入时会显示文件无效；（版本未考证）；文件导入后，尺寸标注等需要进行调整，保证绘图清晰简洁。

4.2.2　文件的导出

1. 导出 DWG 或 DXF 文件

将 DRW 格式导出为 DWG 或 DXF 格式操作步骤如下。

Step1. 打开 Creo5.0 软件后，打开光盘工程图文件 "ch5 – wenjiandaochu. drw"，在 　 "基准显示过滤器" 关闭所有显示过滤器，工程图如图 8 – 4 – 5 所示。

Step2. 选择 文件 下拉菜单→ 另存为(A) → 保存副本(A) 命令，系统弹出如图 8 – 4 – 6 所示的 "保存副本" 对话框。选取合适的保存位置，在下方 "类型" 下拉列表中选取 DWG (*.dwg) 选项，单击 "确定"。

Step3. 系统弹出 "DWG 的导出环境" 对话框，进行如下操作。

（1）DWG 版本设置为 AutoCAD 2007。

（2）图元 选项卡的设置如图 8 – 4 – 7 所示。

（3）页面 选项卡的设置如图 8 – 4 – 8 所示，选择 "当前页面作为模型空间"，选项中所指的 "图纸空间" 是指 AutoCAD 中的布局空间。

（4）杂项 选项卡的设置如图 8 – 4 – 9 所示，选择 "导出遮蔽的层"，"图像格式" 我们选择默认格式。

（5）属性 选项卡中分为四个子选项卡，分别为 "颜色" "层" "线型" "文本字体"，读者可以根据绘图需求修改其中参数，这里我们保持默认设置，如图 8 – 4 – 10 所示。

Step4. 单击 "确定" 按钮，系统将 DWG 文件导出在设定目录中。

Step5. 启动 AutoCAD2007 软件，在 "文件" 下拉菜单中选择 "打开" 命令，在弹出的 "选择文件" 对话框中选取刚才存储目录中的 DWG 文件，单击 "打开" 按钮，效果如图 8 – 4 – 11 所示。

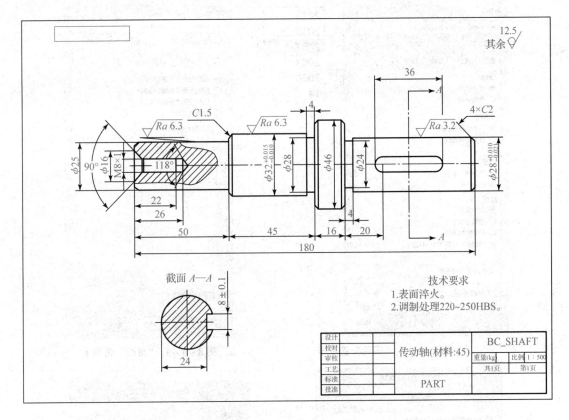

图8-4-5 DRW格式工程图

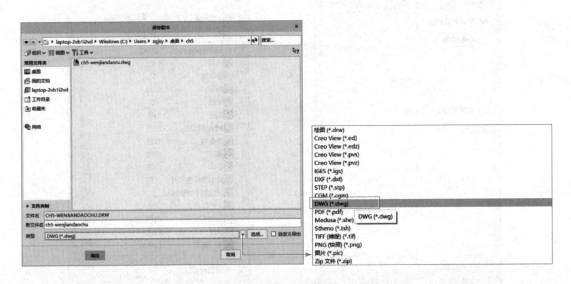

图8-4-6 "保存副本"对话框

图 8 – 4 – 7 "图元"选项卡

图 8 – 4 – 8 "页面"选项卡

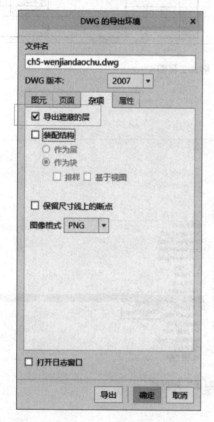

图 8 – 4 – 9 "杂项"选项卡

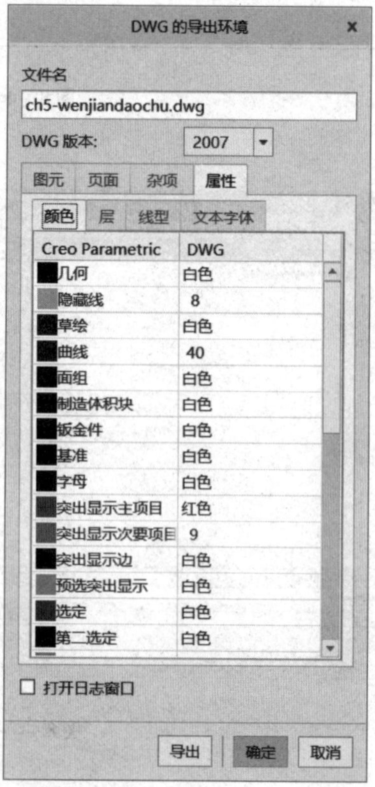

图 8 – 4 – 10 "属性"选项卡

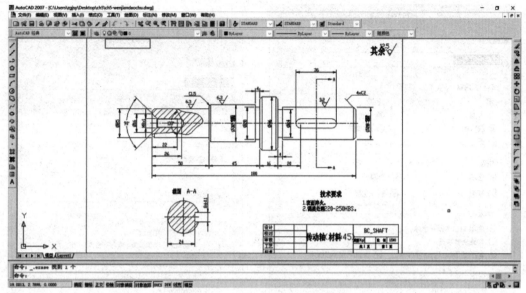

图 8 - 4 - 11　导出的 DWG 格式工程图

Step6. 在 AutoCAD2007 软件中对工程图进行编辑，格式转换过程中出现的文字乱码等需要重新编辑。

注意：

● 本书中使用的是 AutoCAD2007 版本软件，大家可以根据实际情况选择相应版本的软件。

● 在 AutoCAD2007 软件中对工程图进行重新编辑时，标题按文字需要先选择表格，然后分解，再重新编辑文字。

● 转换后的 DWG 工程图中文字会出现失真现象，读者需要重新编辑。

2. 导出 PDF 文件

Step1. 打开 Creo5.0 软件后，打开光盘工程图文件 "ch5 - wenjiandaochu. drw"，在 ⿰ "基准显示过滤器" 关闭所有显示过滤器。

Step2. 选择 ▊ 文件 ▊ 下拉菜单 – ▊ 另存为(A) ▊ – ▊ 保存脚本(A)，保存活动窗口中对象的副本。命令，系统弹出 "保存副本" 对话框。选取合适的保存位置，在下方 "类型" 下拉列表中选取PDF (*.pdf) 选项，单击 "确定"。

Step3. 系统弹出 "PDF" 导出设置对话框，"常规" 选项卡设置如图 8 - 4 - 12 所示，"内容" 选项卡设置如图 8 - 4 - 13 所示，"安全" 选项卡设置如图 8 - 4 - 14 所示，其中密码设置根据作者实际需求。

Step4. 单击对话框中 "确定" 按钮，系统开始将 DRW 转换为 PDF 格式，结束后系统自动打开 Adobe Reader 软件，并显示如图 8 - 4 - 15 所示的效果。

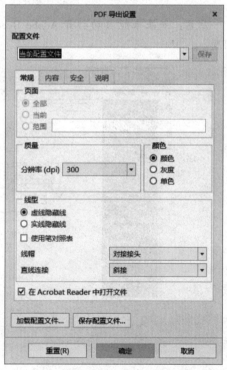

图 8 - 4 - 12　"常规" 选项卡

图 8 - 4 - 13 "内容"选项卡

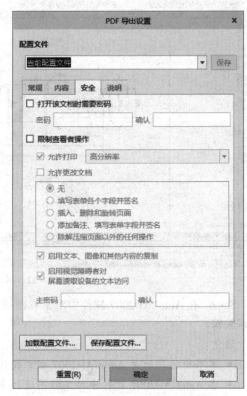

图 8 - 4 - 14 "安全"选项卡

注意：如果未能自动打开 Adobe Reader 软件，读者可以考虑 Adobe Reader 软件是否出现问题。

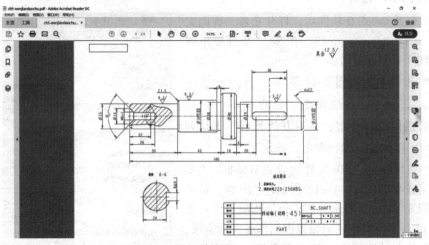

图 8 - 4 - 15 转换成 PDF 格式图

4.3 任务笔记

编号	8-4	任务名称	文件的导入和导出		日期	
姓名		学号		班级	评分	
序号	知识点		学习笔记			备注
1	文件的导入					
2	导出 DWG 或 DXF 文件					
3	导出 PDF 文件					

4.4 任务训练

编号	8-4	任务名称		文件的导出		日期	
姓名		学号		班级		评分	

训练内容	题目：绘制三维模型，导出工程图。 内容与要求：设置合适工作目录，创建如图4-4-16所示的三维图形，并绘制如图4-4-16（a）所示的工程图视图，并导出DWG格式文件。 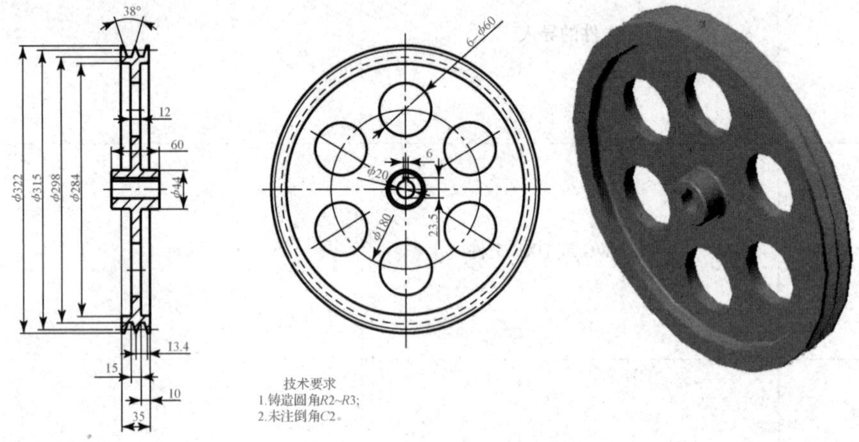 图4-4-16 带轮工程图及三维图 （a）工程图；（b）三维图
实施过程	
其他创新 设计方法	
自我评价	

根据图 4 – 4 – 17（a）所给视图尺寸，创建如图 4 – 4 – 17（b）所示的三维图形，并绘制如图习题 1 所示的工程图视图。

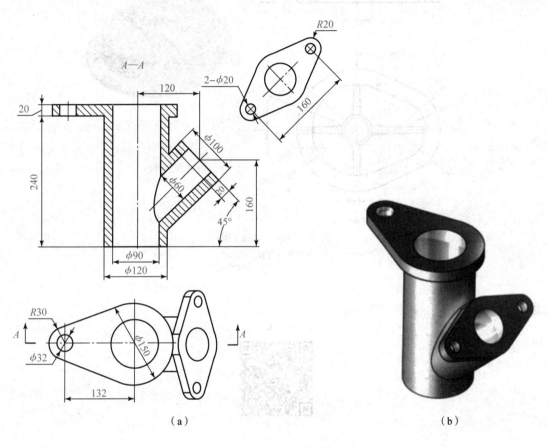

（a）   （b）

图 4 – 4 – 17　习题 1 图

（a）工程图；（b）三维图

学习成果测验

1. 设置合适工作目录，创建如图 4 – 4 – 18 所示的三维图形，并绘制如图习题 2 所示的工程图视图。

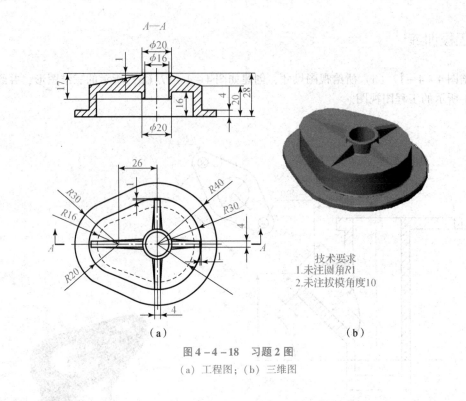

技术要求
1.未注圆角R1
2.未注拔模角度10

图 4 - 4 - 18 习题 2 图

(a) 工程图;(b) 三维图

思政园地

项目九　虎钳零件的 3D 打印

项目情境：当前，3D 打印、3D 打印机、三维打印、快速成型、快速制造、数字化制造这些名词，如同一股旋风，仿佛一夜之间就在制造界、学术界、传媒界、金融界等掀起了巨澜。但是很多人并不知道这些名词到底有什么区别和联系，你们对这些名词有什么了解吗？我们一起来学习下面的知识，正确认识、了解并区分"什么是 3D 打印""什么是快速成型"吧。

 虎钳3D打印预处理

1.1　任务情境

快速成型技术自问世以来，得到了迅速发展。由于快速成型技术可以使数据模型转化为物理模型，并能有效地提高新产品的设计质量，缩短新产品的开发周期，提高企业的市场竞争力，因而受到越来越多领域的关注，被一些学者誉为敏捷制造技术的类型之一。

1.2　任务基础知识与实操

1.2.1　快速成型

快速成型（Rapid Prototyping，RP），是 20 世纪 80 年代末至 90 年代初发展起来的新兴制造技术，是由三维 CAD 模型直接驱动的快速制造任意复杂形状三维实体的总称。它集成了 CAD 技术、数控技术、激光技术和材料技术等现代科学技术，是先进制造技术的重要组成部分。由于它把复杂的三维制造转化为一系列二维制造的叠加，因而可以在不用模具和工具的条件下生成几乎任意复杂的零部件，极大地提高了生产效率和制造柔性。

与传统制造方法不同，快速成型从零件的 CAD 几何模型出发，通过软件分层离散和数控成型系统，用激光束或其他方法将材料堆积而形成实体零件。通过与数控加工、铸造、金属冷喷涂、硅胶模等制造手段相结合，成为现代模型、模具和零件制造的强有力手段，在航空航天、汽车摩托车、家电等领域得到了广泛应用。

1. 快速成型技术的工艺方法

快速成型技术的主要工艺方法有光固化快速成型工艺、叠层实体制造成型工艺、选择性激光烧结成型工艺、熔融沉积制造工艺以及三维印刷成型工艺，本书对这五种主要工艺方法做了详细的介绍。除以上 5 种方法外，其他许多快速成型方法也已经实用化，如实体自由成形（Solid Freedom Fabrication，SFF）、形状沉积制造（Shape Deposition Manufacturing，SDM）、实体磨削固化（Solid Ground Curing，SGC）、分割镶嵌（Tessellation）、数码累积成型（Digital Brick Laying，DBL）、三维焊接（Three Dimensional Welding，3DW）、直接壳法（Direct Shell Production Casting，DSPC）、直接金属成型（Direct Metal Deposition，DMD）等快速成型工艺方法。

2. 快速成型技术的特点

与传统的切削加工方法相比，快速成型加工具有以下 6 个特点：

（1）自由成型制造：自由成型制造也是快速成型技术的另外一个名称。作为快速成型技术特点之一的自由成型制造的含义有两个方面：一是指不需要使用工模具而制作原型或零件，由此可以大大缩短新产品的试制周期，并节省工模具费用；二是指不受形状复杂程度的限制，能够制作任何形状与结构、不同材料复合的原形或零件。

（2）制造效率高：从 CAD 数字模型或实体反求获得的数据到制成原型，一般仅需要数小时或十几小时，速度比传统成型加工 I 方法快得多。该项目技术在新产品开发中改善了设计过程中的人机交流，缩短了产品设计与开发周期。以快速成型机为母模的快速模具技术，能够在几天内制作出所需材料的实际产品，而通过传统的钢质模具制作产品，至少需要几个月的时间。该项技术的应用，大大降低了新产品的开发成本和企业研制新产品的风险。

（3）由 CAD 模型直接驱动：无论哪种快速原型制造（RP）工艺，其材料都是通过逐点、逐层以添加的方式累积成型的。无论哪种快速成型制造工艺，也都是通过 CAD 数字模型直接或者间接地驱动快速成型设备系统进行制造的。这种通过材料添加来制造原型的加工方式是快速成型技术区别于传统的机械加工方式的显著特征。这种由 CAD 数字模型直接或者间接地驱动快速成型设备系统的原型制作过程也决定了快速成型的制造快速和自由成型的特征。

（4）技术高度集成：当落后的计算机辅助工艺规划（Computer Aided Process Planning，CAPP）一直无法实现 CAD 与 CAM 一体化的时候，快速成型技术的出现较好地填补了 CAD 与 CAM 之间的缝隙。新材料、激光应用技术、精密伺服驱动技术、计算机技术以及数控技术等的高度集成，共同支撑了快速成型技术的实现。

（5）经济效益高：快速成型技术制造原型或零件，无须工模具，也与成型或零件的复杂程度无关，与传统的机械加工方法相比，其原型或零件本身制作过程的成本显著降低。此外，由于快速成型在设计可视化、外观评估、装配及功能检验以及快速模具母模的功用，能够显著缩短产品的开发试制周期，带来了显著的时间效益。也正是因为快速成型技术具有突出的经济效益，才使得该项技术一出现，便得到了制造业的高度重视和迅速而广泛的应用。

（6）精度不如传统加工：数据模型分层处理时，一些数据的丢失不可避免，外加分层制造必然产生台阶误差，堆积成形的相变和凝固过程产生的内应力也会引起翘曲变形，这从根本上决定了 RP 造型的精度极限。

以上特点决定了快速成型技术主要适合于新产品开发，快速单件及小批量零件制造，复杂形状零件的制造，模具、模型设计与制造，也适合于难加工材料的制造，外形设计检查，装配检验和快速反求工程等。

1.2.2　3D 打印过程

1. 3D 打印概述

3D 打印技术有广义和狭义之分。广义的 3D 打印是快速成型技术的一部分，它是一种以数字模型文件为基础，运用各种不同形态的（粉末状、丝状、液状）金属、塑料或树脂等可粘合材料，通过逐层堆叠累积的方式来构造物体的技术。过去其常在模具制造、工业设计等领域被用于制造模型，现正逐渐用于一些产品的直接制造。特别是一些高价值应用（比如髋关节或牙齿，或一些飞机零部件）已经有使用这种技术打印而成的零部件，意味着"3D 打印"这项技术的普及。通过 3D 打印技术加工出来的零部件和工艺品，如图 9 – 1 – 1 和图 9 – 1 – 2 所示。狭义的 3D 打印是三维打印（3D Printing），属于快速成型的一种。人们日常以及本书中提到的 3D 打印通常指的都是广义的 3D 打印。

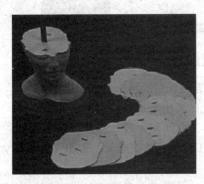

图 9 – 1 – 1 3D 打印的部件

图 9 – 1 – 2 3D 打印的工艺品

3D 打印机出现在 20 世纪 90 年代中期，其实际上是利用光固化和纸层叠等技术的最新快速成型装置。它与普通打印工作原理基本相同，打印机内装有液体或粉末等"打印材料"，与计算机连接后，通过计算机控制把"打印材料"一层一层叠加起来，最终把计算机上的蓝图变成实物。这种打印技术称为 3D 立体打印技术。

3D 打印原理是依据计算机设计的三维模型（设计软件可以是 Creo、SolidWorks、UG 等，也可以是通过逆向工程获得的计算机模型），将复杂的三维实体模型"切"成设定厚度的一系列片层，从而变为简单的二维图形，逐层加工，层叠增长。如图 9 – 1 – 3 所示。

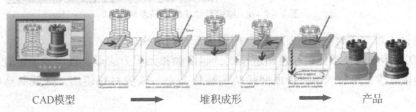

CAD模型　　　　　　　　堆积成形　　　　　　　　产品

图 9 – 1 – 3 3D 打印成形过程

2. 3D 打印技术特点

（1）3D 打印技术变"减材"加工为"立体打印"，如图 9 – 1 – 4 所示。

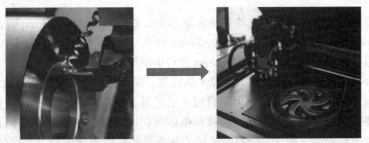

图 9 – 1 – 4 "减材"加工变为"立体打印"

（2）将三维实体变为二维平面，降低制造复杂度，如图 9 – 1 – 5 所示。

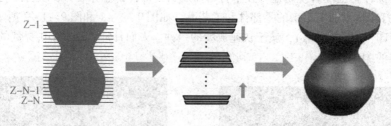

图 9-1-5　堆叠加工示意

（3）特别适合复杂结构、个性化制造及创新构思的快速验证。

（4）3D 打印技术具有成形材料广、零件性能优的突出特点。

（5）拓展产品创意与创新空间、无须任何夹具，设计和制造一体化，在零部件的设计上可以采用最优的结构设计，无须考虑加工问题，解决了传统的航空航天、船舶、汽车等动力装备高端复杂精细结构零件的制造难题。

（6）极大降低产品研发创新成本，缩短创新研发周期，提高新产品投产的一次成功率。六缸发动机缸盖传统铸造工装模具设计制造周期长达几个月，3D 打印只需要一周便可制成。如图9-1-6 所示。

图 9-1-6　缩短发动机缸盖研发周期

（7）提高了难加工材料的可加工性，拓展了工程应用领域。

（8）3D 打印制造技术促进绿色制造模式，非接触和无压力成形、近净成形能耗低、节约材料、污染物排放少；可将内部设计成网状结构替代实心，减少材料使用，降低制造时间和能源消耗。

1.2.3　3D 打印的主要成型工艺

目前 3D 打印的主要成型工艺方法很多，本书仅介绍目前较为常用的工艺方法。

1. 光固化成型

光固化成型工艺，也常被称为立体光刻成型，英文名称为 Stereo Lithography，简称 SL 或 SLA（Stereo Lithography Apparatus）。该工艺是由 Charles Hull 于 1984 年获得的美国专利，是最早发展起来的快速成型技术。自从 1988 年 3D Systems 公司最早推出 SLA 商品化快速成型机 SLA-250 以来，SLA 已成为目前世界上研究最深入、技术最成熟、应用最广泛的一种快速成型工艺方法。

光固化成型工艺以液态光敏树脂为原材料，通过计算机控制紫外激光按预定零件逐个分层截面的轮廓轨迹对液态树脂逐点扫描，使被扫描区的树脂薄层产生光聚合（固化）反应，从而形成零件的一个薄层截面。完成一个扫描区域的液态光敏树脂固化层后，工作台下降一个层厚，使固化好的树脂表面再铺上一层新的液态树脂，然后重复扫描、固化，新固化的一层牢固黏接在上一层上，如此反复直至完成整个零件的固化成型，如图 9-1-7 所示。

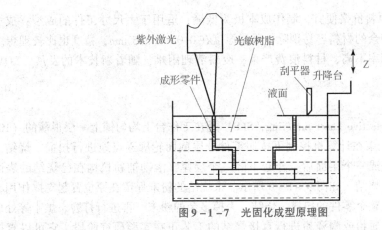

图 9 - 1 - 7　光固化成型原理图

SLA 工艺优点是：精度较高，截层厚度在 0.04 ~ 0.07 mm，一般尺寸精度可以达到 0.1 mm；表面光滑质量好；原材料利用率接近 100%；能制造形状特别复杂、精细的零件；设备市场占有率很高。

缺点是：应用于小件；需要支撑结构；可以选择的材料种类有限；制件容易发生翘曲变形；成型材料价格较昂贵。

2. 薄材叠层制作成型

薄材叠层制作成型（Laminated Object Manufacturing，简称 LOM），又称薄片分层叠加成型，是几种最成熟的快速成型制造技术之一，由美国 Helisys 公司于 1986 年研制成功，并推出商品化的机器。

叠层实体制造工艺的原理：LOM 工艺采用薄片材料（如纸、塑料薄膜等）作为成型材料，片材表面事先涂覆上一层热熔胶。加工时，用 CO_2 激光器在计算机控制下按照 CAD 分层模型轨迹切割片材，然后通过热压辊热压，使当前层与下面已成型的工件层黏结，从而堆积成型。

分层实体成型系统主要包括计算机、数控系统、原材料存储与运送部件、热粘压部件、激光切割系统、可升降工作台等。其中，计算机负责接收和存储成型工件的三维模型数据，这些数据主要是沿模型高度方向提取的一系列截面轮廓。原材料存储与运送部件将把存储在其中的原材料（底面涂有胶粘剂的薄膜材料）逐步送至工作台上方。激光切割器将沿着工件截面轮廓线对薄膜进行切割，可升降的工作台能支撑成型的工件，并在每层成型之后降低一个材料厚度，以便送进将要进行粘合和切割的新一层材料，最后热粘压部件将会一层一层地把成型区域的薄膜粘合在一起，就这样重复上述的步骤直到工件完全成型，如图 9 - 1 - 8 所示。

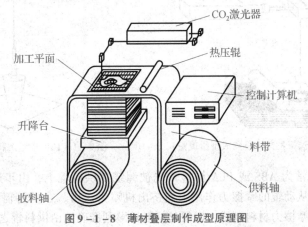

图 9 - 1 - 8　薄材叠层制作成型原理图

LOM 工艺优点是：原料价格便宜，制作成本极为低廉；适用于大尺寸工件的成型；成型过程无须设置支撑结构；多余的材料容易剔除；截面厚度在 0.07～0.15 mm，精度也比较理想。

缺点是：材料的利用率不高，材料浪费严重；废料清理困难，随着新技术的发展，LOM 工艺将有可能被逐步淘汰。

3. 选择性激光烧结

选择性激光烧结（Selective Laser Sintering，SLS）是在工作台上均匀铺上一层很薄的（100～200 μm）金属粉末，激光束在计算机控制下按照零件分层截面轮廓逐点地进行扫描、烧结，使粉末固化成截面形状。完成一个层面后工作台下降一个层厚，滚动铺粉机构在已烧结的表面再铺上一层粉末进行下一层烧结，如图 9－1－9 所示。未烧结的粉末保留在原位置起支撑作用，这个过程重复进行直至完成整个零件的扫描、烧结，去掉多余的粉末，再进行打磨、烘干等处理后便获得需要的零件。用金属粉或陶瓷粉进行直接烧结的工艺正在实验研究阶段，它可以直接制造工程材料的零件。

采用激光有选择地分层烧结固体粉末，并使烧结成型的固化层逐层叠加生成所需形状的零件。其整个工艺过程包括 CAD 模型的建立、数据处理、铺粉、烧结以及后处理等。

SLS 工艺优点是：原型件机械性能好，强度高；适合中小型制件；无须设计和构建支撑；截层厚度在 0.1～0.2 mm；可选材料种类多且利用率高（100%）。

缺点是：制件表面粗糙，疏松多孔，后处理复杂；制造成本高。

4. 熔丝沉积成型

熔丝沉积成型（Fused Deposition Modeling，简称 FDM）是继光固化成型和叠层实体快速成型工艺后的另一种应用比较广泛的快速成型工艺。该工艺方法以美国 Stratasys 公司开发的 FDM 制造系统应用最为广泛。

熔丝沉积是将丝状的热熔性材料加热熔化，通过带有一个微细喷嘴的喷头挤喷出来。喷头可沿着 X 轴方向移动，而工作台则沿 Y 轴方向移动。如果热熔性材料的温度始终稍高于固化温度，而成型部分的温度稍低于固化温度，就能保证热熔性材料挤喷出喷嘴后，随即与前一层面熔结在一起。一个层面沉积完成后，工作台按预定的增量下降一个层的厚度，再继续熔喷沉积，直至完成整个实体造型，如图 9－1－10 所示。

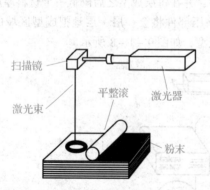

图 9－1－9　选择性激光烧结成型原理图

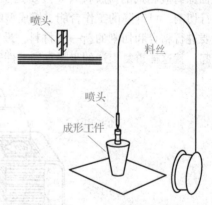

图 9－1－10　熔丝沉积成型原理图

热熔性丝材（通常为 ABS 或 PLA 材料）先被缠绕在供料辊上，由步进电动机驱动辊子旋转，丝材在主动辊与从动辊的摩擦力作用下向挤出机喷头送出。在供料辊和喷头之间有一个导向套，导向套采用低摩擦力材料制成，以便丝材能够顺利准确地由供料辊送到喷头的内腔。

喷头的上方有电阻丝式加热器，在加热器的作用下丝材被加热到熔融状态，然后通过挤出机把材料挤压到工作台上，材料冷却后便形成了工件的截面轮廓。

　　采用 FDM 工艺制作具有悬空结构的工件原型时需要支撑结构的支持。为了节省材料成本和提高成型的效率，新型的 FDM 设备采用了双喷头的设计，一个喷头负责挤出成型材料，另外一个喷头负责挤出支撑材料。

　　FDM 工艺优点是：不采用激光器，设备运营维护成本较低；成型材料广泛且成本低；成形过程对环境影响较小；原料利用率高，后处理相对简单；容易制成桌面化和工业化 RP 系统。

　　缺点是：由于喷头运动是机械运动，成型过程中速度受到一定的限制，因此一般成型时间较长，不适于制造大型部件；在成型过程中需要加入支撑材料，在打印完成后要进行剥离，对于一些复杂构件来说，剥离存在一定的困难。

1.3 任务笔记

编号	9 – 1	任务名称	虎钳 3D 打印预处理		日期	
姓名		学号		班级	评分	
序号	知识点		学习笔记			备注
1	快速成型概念					
2	3D 打印过程					
3	3D 打印与一般制造的差别					
4	3D 打印的主要成型工艺					

1.4 任务训练

编号	9 – 1	任务名称		虎钳3D打印预处理		日期	
姓名		学号			班级	评分	

训练内容	题目：试着叙述下图零件的堆叠加工过程与传统的加工制造相比有哪些优势？ 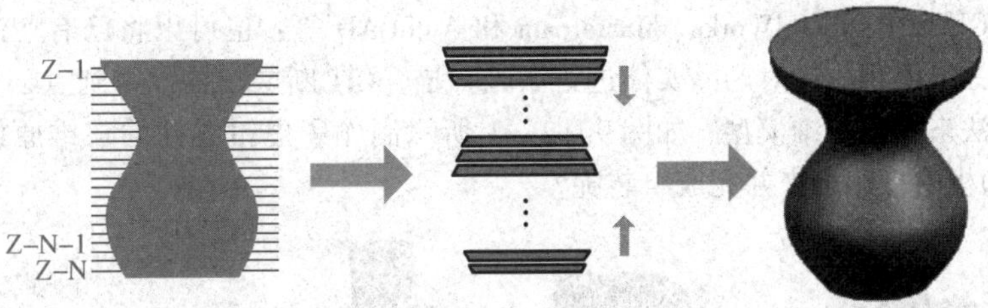 Z–1 ⋮ Z–N–1 Z–N
实施过程	
其他创新设计方法	
自我评价	
小结	

任务二　虎钳3D打印与组装

2.1　任务情境

由于快速成型系统是由三维 CAD 模型直接驱动的，因此，首先要构建所加工工件的三维 CAD 模型。该三维 CAD 模型可以利用计算机辅助设计软件直接构建，常用的设计软件有 UG、Pro/ENGINEBR、SolidWorks、Mastercam 和 AutoCAD 等；也可以将已有产品的二维图样进行转换而形成三维模型，或对产品实体进行激光扫描、CIT 断层扫描，得到点云数据，然后利用反求工程的方法来构建三维模型，如图 9 – 2 – 1 所示制作了虎钳零件的三维原始模型，那么该如何在3D 打印机中打印出来并完成组装呢？

图 9 – 2 – 1　虎钳零件三维模型

2.2　任务基础知识与实操

2.2.1　3D 打印工艺全过程

3D 打印快速成型制造工艺的全过程通常归纳为以下 3 个步骤，如图 9 – 2 – 2 所示。

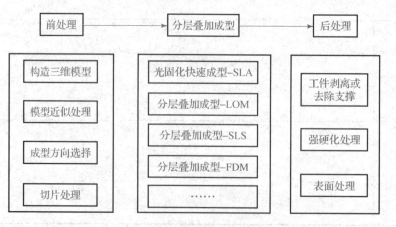

图 9 – 2 – 2　快速成型制作过程

1. 前处理

它包括工件三维模型的构造、三维模型的近似处理、模型成形方向的选择和三维模型的切片处理。

2. 快速成型加工

它是快速成型的核心，包括模型截面轮廓的制作与截面轮廓的叠台。根据切片处理的截面轮廓，在计算机的控制下，相应的成型头（激光头或喷头）按各截面轮廓信息做扫描运动，在工作台上一层一层地堆积材料，然后将各层相粘结，最终得到原型产品。

3. 后处理

从成型系统里取出成型件（即工件的剥离），然后进行打磨、抛光、涂挂，或放在高温炉中进行后烧结，进一步提高其强度。

简单来说，即在 3D 打印时，首先设计出所需零件的计算机三维模型（数字模型、CAD 模型），然后根据工艺要求，按照一定的规律将该模型离散为一系列有序的单元，通常在 Z 向将其按一定厚度进行离散（习惯称为分层），把原来的三维 CAD 模型变成一系列的层片；再根据每个层片的轮廓信息，输入加工参数，自动生成数控代码；最后由成型机成型一系列层片并自动将它们连接起来，得到一个三维物理实体，如图 9 - 2 - 3 所示。

三维CAD文件　　　　　　三维打印机　　　　　　三维模型

图 9 - 2 - 3　3D 打印流程

2.2.1　3D 打印实例

下面结合制作虎钳零件装配的过程来介绍采用 FDM 工艺成型的流程。

1. 三维模型的近似处理

由于产品往往有一些不规则的自由曲面，加工前要对模型进行近似处理，以方便后续的数据处理工作。由于 STL 格式的文件简单、实用，目前已经成为快速成型领域的准标准接口文件。它是用一系列的小三角形平面来逼近原来的模型，每个小三角形用 3 个顶点坐标和一个法向量来描述，三角形的大小可以根据精度要求进行选择。STL 文件有二进制码和 ASCII 码两种输出形式，二进制码输出形式所占的空间比 ASCII 码输出形式的文件所占用的空间小得多，但 ASCII 码输出形式可以阅读和检查。典型的 CAD 软件都带有转换和输出 STL 格式文件的功能。结合案例，将创建的虎钳零件另存为 ".stl" 文件，然后用 HORI 3DPrinterSoftware 软件进行切片处理，处理后另存为 ".gcode" 文件，如图 9 - 2 - 4 所示。

2. 成型方向的选择

根据被加工模型的特征选择合适的加工方向，也就是确定模型的摆放方位，并根据需要决定是否施加支撑。摆放方位的处理是十分重要的，不但影响着制作时间和效率，更影响着后续支撑的施加以及原型的表面质量等。因此，摆放方位的确定需要综合考虑上述各种因素。

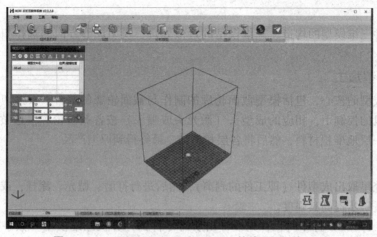

图 9 - 2 - 4　HORI 3DPrinterSoftware 软件进行切片处理

一般情况下，从缩短原型制作时间和提高制作效率来看，应该选择尺寸最小的方向作为叠层方向。但是，有时为了提高原型制作质量以及提高某些关键部位和形状的精度，需要将最大的尺寸方向作为叠层方向摆放。或者有时为了减少支撑量，以节省材料及方便后处理，也经常采用倾斜摆放。确定摆放方位以及后续的施加支撑和切片处理等，都是在分层软件系统上实现。

摆放方位确定后，便可以进行支撑的施加了，对于结构复杂的数据模型，支撑的施加是费时而精细的。支撑施加的好坏直接影响着原型制作的成功与否及制作的质量。支撑施加可以手工进行，也可以使用软件自动实现。软件自动实现的支撑施加一般都要经过人工核查，进行必要的修改和删减。为了便于在后续处理中去除支撑并获得优良的表面质量，目前，比较先进的支撑类型为点支撑，即支撑与需要支撑的模型面是点接触。

3. 三维模型的切片处理

根据被加工模型的特征选择合适的加工方向，在成型高度方向上用一系列一定间隔的平面切割近似后的模型，以便提取截面的轮廓信息。间隔一般取 0.05 ~ 0.5 mm，常用 0.1 mm。间隔越小，成型精度越高，但成型时间也越长，效率就越低。反之则精度低，但效率高。

4. 三维模型的打印

打开打印机，载入前处理生成的切片模型；将工作台面清理干净，待系统初始化完成后，即可执行打印命令，完成的打印模型如图 9 - 2 - 5 所示。

5. 后处理

由于 FDM 工艺的特性，需对成型后的原型进行相关的工艺处理，如去除支撑、打磨、抛光、喷漆等。去除支撑结构是 FDM 技术的必要后处理工艺，复杂模型一般采用双喷头打印，其中一个喷头挤出的材料就是支撑材料，FDM 的支撑材料有较好的水溶性，也可在超声波清洗机中用碱性温水浸泡后将其溶解剥落。一般情况下，水温越高支撑材料溶解越快，但超过 70℃ 时成型件容易受热变形，因此采用超声波清洗机去除支撑时将溶液温度控制在 40 ~ 60℃ 之间。

打磨处理主要是去除成型件"台阶效应"达到表面光洁度和装配尺寸精度要求，可用水砂纸直接手工打磨的方法，但由于成型材料 ABS 较硬，会花费较长时间。也可采用天那水（香蕉水）浸泡涂刷使成型表面溶解平滑的方法，但需控制好浸泡时间或涂刷量，一般 1 次浸泡时间为 2 ~ 5 s，或用毛笔刷蘸天那水多次涂刷。

6. 模型装配

将处理好的虎钳各零部件进行组装，最后得到的 3D 打印虎钳如图 9 - 2 - 6 所示。

图 9 - 2 - 5 打印的虎钳零件

图 9 - 2 - 6 组装后的虎钳

打印与组装

2.3　任务笔记

编号	9－2	任务名称	虎钳3D打印与组装		日期	
姓名		学号		班级	评分	
序号		知识点		学习笔记		备注
1		快速成型制作过程				
2		三维模型的近似处理				
3		三维模型的切片处理				
4		3D打印机准备				
5		模型后处理与组装				

2.4 任务训练

编号	9-2	任务名称	虎钳3D打印与组装		日期	
姓名		学号		班级	评分	

训练内容	题目：根据本任务要求，动手在三维建模软件中正确将虎钳各零部件绘制好，并完成打印前准备工作，最终再打印出各零部件完成图示的虎钳装配体。 
实施过程	
其他创新设计方法	
自我评价	
小结	

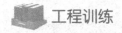 工程训练

题目：创建如图习题1所示的房屋模型，并完成3D打印过程。

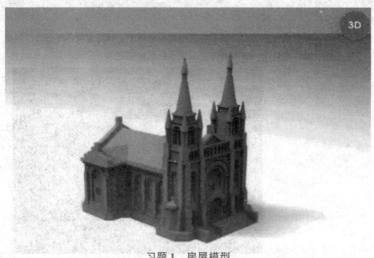

习题1 房屋模型

学习成果测验

一、选择题

1. 3D 打印前处理不包括（　　）。

A. 构造 3D 模型　　　　　　　　　　B. 模型近似处理

C. 切片处理　　　　　　　　　　　　D. 画面渲染

2. 以下不是 3D 打印技术优点的是（　　）。

A. 产品多样化不增加成本　　　　　　B. 技术要求低

C. 制造复杂物品不增加成本　　　　　D. 减少废气副产品

3. 对光敏树脂的性能要求不包括以下哪一项？（　　）

A. 黏度低　　　　　　　　　　　　　B. 固化收缩小

C. 毒性小　　　　　　　　　　　　　D. 成品强度高

4. FDM 技术的优点不包括以下哪一项？（　　）

A. 尺寸精度高，表面质量好

B. 原材料以卷轴丝的形式提供，易于运输和更换

C. 是最早实现的开源 3D 打印技术，用户普及率高

D. 原理相对简单，无须激光器等贵重元器件

5. 目前 FDM 常用的支撑材料是（　　）。

A. 水溶性材料　　　　　　　　　　　B. 金属

C. PLA　　　　　　　　　　　　　　D. 粉末材料

6. 以下是 SLA 技术特有的后处理技术是（　　）。

A. 取出成型件　　　　　　　　　　　B. 后固化成型件

C. 去除支撑 D. 排出未固化的光敏树脂

7. SIS 3D 打印技术后处理的关键技术不包括以下哪一项？（   ）

A. 打磨抛光 B. 熔浸

C. 热等静压烧结 D. 高温烧结

8. 以下四种成型工艺不需要激光系统的是（   ）。

A. SLA B. LOM

C. SLS D. FDM

9. Creo5.0 软件建立的三维造型需要转换成（   ）格式才可以进行 3D 打印。

A. STP B. PRT C. SEC D. ASM

二、简答题

1. 光固化成型有哪几种类型？

2. 试述光固化成型的工艺过程。

3. 叠层实体制造的原理是什么？

4. 叠层实体制造的工艺流程是什么？

5. 试述熔丝沉积成型技术的工艺原理。

6. 试述熔丝沉积成型技术的工艺过程。

7. 熔融沉积制造成型技术主要应用在哪些领域？举例说明。

8. 谈一谈你对熔融沉积制造成型技术未来发展趋势的看法。

思政园地